"领先一步学科学"系列

与细菌作战

主　　编　杨广军
副 主 编　朱焯炜　章振华　张兴娟
　　　　　胡　俊　黄晓春　徐永存
本 册 主 编　肖　寒
本册副主编　朱焯炜　陆宇海

上海科学普及出版社

图书在版编目（CIP）数据

与细菌作战 / 杨广军主编.—上海：上海科学普及出版社，2013.7（2018.4 重印）
（领先一步学科学）
ISBN 978-7-5427-5769-2

Ⅰ.①与… Ⅱ.①杨… Ⅲ.①细菌-青年读物②细菌-少年读物 Ⅳ.①Q939.1-49

中国版本图书馆 CIP 数据核字（2013）第 103570 号

组　　稿　胡名正　徐丽萍
责任编辑　徐丽萍
统　　筹　刘湘雯

"领先一步学科学"系列
与细菌作战
主编　杨广军
副主编　朱焯炜　章振华　张兴娟
　　　　胡　俊　黄晓春　徐永存
本册主编　肖　寒
本册副主编　朱焯炜　陆宇海
上海科学普及出版社出版发行
（上海中山北路 832 号　邮政编码 200070）
http://www.pspsh.com

各地新华书店经销　北京柯蓝博泰印务有限公司印刷
开本 787×1092　1/16　印张 15　字数 230 000
2013 年 7 月第 1 版　2018 年 4 月第 2 次印刷

ISBN 978-7-5427-5769-2　　定价：29.80 元

卷首语

美国奥多明尼昂大学的一个研究团队对澳大利亚西澳大利亚州的皮尔巴拉地区的部分世界上最古老的岩石进行研究后发现了34.9亿年前的细菌遗迹，为迄今发现的最古老的地球生命遗迹。

你知道吗？细菌广泛分布于土壤和水中，或者与其他生物共生。人体身上也带有相当多的细菌。据估计，人体内及表皮上的细菌细胞总数约是人体细胞总数的十倍。此外，也有部分种类分布在极端的环境中，例如温泉，甚至是放射性废弃物中，它们被归类为嗜极生物，其中最著名的种类之一是海栖热袍菌，科学家是在意大利的一座海底火山中发现这种细菌的。然而，细菌的种类是如此之多，科学家研究过并命名的种类只占其中的小部分。让我们沿着历史的印迹，循着科学的历程，一起来了解细菌吧……

目 录

·微观世界的精灵——细菌的基本知识·

细菌知多少——细菌发现之旅 …………………………… (3)
兄弟姐妹不胜数——细菌的种类 ………………………… (9)
麻雀虽小五脏全——细菌的形态结构 …………………… (13)
超生游击队——细菌的繁殖 ……………………………… (18)
上天入地都有我——细菌的分布和传播 ………………… (23)
胃口好，转化快——细菌的代谢 ………………………… (32)
我有七十二变——细菌的变异 …………………………… (36)
微生物界的猎豹——细菌的运动 ………………………… (39)
如何饲养小宠物——细菌的培养 ………………………… (45)
矛与盾——细菌致病与人体免疫 ………………………… (49)
比河豚更厉害——细菌的毒素 …………………………… (53)
在沙漠里找出一样的沙——细菌的分离 ………………… (59)
怎样消灭它——杀菌的方法 ……………………………… (63)

·死神的助手——致病细菌·

鼠疫祸首——鼠疫杆菌 …………………………………… (71)
霍乱根源——霍乱弧菌 …………………………………… (78)
夺命杀手——炭疽杆菌 …………………………………… (82)
夺人生命的致病菌——破伤风杆菌 ……………………… (87)
多种疾病的病原——肺炎双球菌 ………………………… (91)
脑膜炎的真凶——脑膜炎双球菌 ………………………… (97)
腹泻的元凶——大肠埃希菌 ……………………………… (102)
婴幼儿克星——百日咳杆菌 ……………………………… (107)
传播结核病的凶手——结核杆菌 ………………………… (111)
消化道里的铁扇公主——细菌与食物中毒 ……………… (115)
恶魔的法宝——细菌武器 ………………………………… (119)

·小天使,让生活更美好——人类的好帮手·

人体处处需要我——寄居人体的正常菌群 ……………… (127)
人的健康少不了我——肠道益生菌 ……………………… (132)
做美食,来找我——细菌发酵 …………………………… (138)
化害为利——细菌污水处理 ……………………………… (144)
垃圾我最爱吃——细菌垃圾处理 ………………………… (151)
魔高一尺道高一丈——细菌与抗生素 …………………… (156)
害虫的克星——细菌与生物杀虫 ………………………… (163)
庄稼的好朋友——细菌肥料 ……………………………… (168)
我是化学魔术师——微生物酶 …………………………… (172)

目 录

石油工业的助手——烃氧化菌和石油酵母 ………………………（176）
我能生产沼气——甲烷菌 ………………………………………（179）
环保的能源——细菌发电 …………………………………………（183）
科技奇迹——细菌计算机 …………………………………………（188）

·闻所未闻——细菌奇谭·

最大的细菌——纳米比亚硫磺珍珠 ……………………………（193）
最小的细菌——纳米细菌 …………………………………………（195）
冰天雪地我最爱——嗜冷菌群和耐冷菌群 ………………………（199）
爱在沸腾温泉中洗澡——嗜热菌群 ………………………………（202）
不怕盐和酸的细菌——嗜盐细菌 …………………………………（206）
鱼缸里的清洁工——硝化细菌的故事 ……………………………（210）
我与夜明珠媲美——发光菌群 ……………………………………（216）
地球最早的居民——细菌与地球的故事 …………………………（220）
比一比——谁最古老，谁最长寿 …………………………………（228）

微观世界的精灵

——细菌的基本知识

细菌是人肉眼看不见的小东西,并且往往给人以"病菌"的不良印象。但科学家却不这么认为,他们在细菌身上的研究获得了许多成果。这些成果都表明,只要应用得当,小细菌也可以在医疗、能源、环境和材料等多个领域派上大用途。

细菌到底是什么?它长什么样?带着这些问题,我们来看——

微观世界的精灵——细菌的基本知识

细菌知多少
——细菌发现之旅

大家都知道，牛奶、葡萄酒、啤酒和许多食品放置过久以后会变质，到底是什么东西在作怪呢？很长时间以来，没有人知道其中的原因。法国微生物学家巴斯德（Louis Pasteur，公元 1822～1895）通过精心的研究，揭示出其中的奥秘，原来是微生物细菌在作怪。下面，让我们怀着好奇的心情，一起开始激动人心的细菌发现之旅。

谁先看到了细菌？

由于细菌是单细胞微生物，用肉眼无法看见，需要用显微镜来观察。17 世纪后期以前，人们并不知道有细菌这样一类生物。17 世纪后期，荷兰人列文·虎克制作了能放大 200～300 倍的显微镜，观察了许多微小的生物。一次，他把一位从未刷过牙的老人的牙垢，放在显微镜下观察。他吃惊地看到许多小生物。这些小生物呈杆状、螺旋状或球状；有的单个存在，有的几个连在一起。

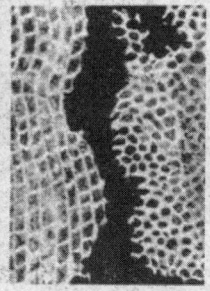

◆列文·虎克制作的显微镜以及看到的微生物

他把发现的小生物绘制成图，寄给英国的皇家学会，发表在学会的会刊上。从此世人知道了这种小生物的存在。但是还不知道，这种小生物就是细菌。

为了表彰和鼓励列文·虎克的研究工作，英国皇家学会吸收他为

「领先一步学科学」系列

与细菌作战

显微镜放大倍数是显微镜的目镜和物镜上所刻的放大倍数的乘积，比如：目镜10倍，物镜40倍，那么显微镜的放大倍数就是400倍。

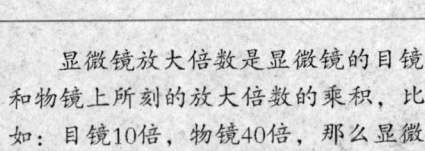

会员，一个小学徒终于成了著名科学家。从此列文·虎克工作更勤奋了，成果也不断产生。1684年，他通过观察血液，准确地描述了血红细胞。1702年，他在观察轮虫时，偶然发现雨水中有微生物。这些微生物是怎么来的呢？为了解开这个谜，他做了一个实验：收集开始下雨时的雨水来观察，里面并没有微生物。到了第四天再观察，就有许许多多微生物和灰尘出现在雨水中。由此，列文·虎克得出了一个结论：风能将空气灰尘中的微生物带入水中。以后经过对昆虫、海贝和鳝鱼等的研究，列文·虎克进一步指出：微生物不是从河泥或沙子中产生的，而是和动物一样，有卵、幼虫等完整的繁殖过程。这一有趣的发现使列文·虎克名扬世界。

 想一想议一议

食物为什么会变质

生活中我们一定见到过这样的现象，本来一碗非常好喝的牛肉汤，你没有喝完，想留着第二天再来喝。当你第二天早上再看到它的时候，这碗牛肉汤已经变得浑浊了。你一定想，糟了，它变质了，不能喝了，好可惜呀。那么你知道它为什么变质吗？

 名人介绍：勤劳的看门人——列文·虎克

列文·虎克，荷兰显微镜学家、微生物学的开拓者。幼年没有受过正规教育。1648年到阿姆斯特丹一家布店当学徒。中年以后在代尔夫特市政厅当了一位看门人。这种工作收入不少且很轻松，使他有较充裕的时间从事他自幼就喜爱的磨透镜工作，并用之观察自然界的细微物体。由于勤奋及本人特有的天赋，他磨制的透镜远远超过同时代其他人所磨制的。他的放大透镜以及简单的显微镜形

微观世界的精灵——细菌的基本知识

式很多，透镜的材料有玻璃、宝石、钻石等。他一生磨制了 400 多个透镜，其中有一架简单的透镜，其放大率竟达 270 倍。

他是第一个用放大透镜看到细菌和原生动物的人。尽管他缺少正规的科学训练，但他对肉眼看不到的微小世界的细致观察、精确描述和众多的惊人发现，对 18 世纪和 19 世纪初期细菌学和原生动物学研究的发展，起了奠基作用。他根据用简单显微镜所看到的微生物而绘制的图像，今天看来依然是正确的。

◆荷兰显微镜学家——列文·虎克

细菌——"小棍子"？

后人发现，当年列文·虎克在显微镜下看见的只是干枯木头的一些纤维组织，最早证实细菌的存在的是路易斯·巴斯德。他用曲颈瓶实验指出，细菌是由空气中已有细菌产生的，而不是自行产生的，并研制出"巴氏消毒液"。他还发现细菌可导致疾病。

细菌这个名词最初由德国科学家埃伦伯格在 1828 年提出，用来指代某种细菌。这个词来源于希腊语，意为"小棍子"。

1866 年，德国动物学家海克尔建议使用"原生生物"，包括所有单细胞生物（细菌、藻类、真菌和原生动物）。

◆法国微生物学家——路易斯·巴斯德

1878 年，法国外科医生塞迪悦提出使用"微生物"来描述细菌细胞或者更普遍地用来指微小生物体。

与细菌作战

名人介绍：微生物学的奠基人——路易斯·巴斯德

◆巴斯德就是利用这些曲颈瓶证明了细菌的存在

路易斯·巴斯德（Louis Pasteur，公元1822~1895），法国微生物学家、化学家，近代微生物学的奠基人。像牛顿开辟出经典力学一样，巴斯德开辟了微生物领域，创立了一整套独特的微生物学基本研究方法，开始用"实践—理论—实践"的方法进行研究，他也是一位科学巨人。

巴斯德被认为是医学史上最重要的杰出人物。巴斯德的贡献涉及几个学科，但他的声誉则集中在保卫、支持病菌论及发展疫苗接种以预防疾病方面。

细菌病原菌发现旅程

19世纪末到20世纪初是发现病原微生物最频繁的时代，几乎每年都有能导致严重疾病的病原菌被人类缉拿归案。

年份	疾病	细菌名称	发现人
1873	麻风病	麻风杆菌	格哈特·亨里克·阿莫尔·汉森
1877	炭疽病	炭疽杆菌	科赫
1878	化脓	葡萄球菌	科赫、巴斯德和奥格斯顿
1879	淋病	淋病奈瑟菌	奈瑟
1880	伤寒	伤寒沙门菌	艾博斯
1881	化脓	链球菌	阿格斯通
1882	结核病	结核杆菌	科赫
1883	霍乱	霍乱弧菌	科赫
1883	白喉	白喉杆菌	克瑞布斯
1884	破伤风	破伤风杆菌	尼可奈尔
1885	腹泻	大肠杆菌	埃希
1886	肺炎	肺炎双球菌	佛兰克尔

微观世界的精灵——细菌的基本知识

年份	疾病	细菌名称	发现人
1887	脑膜炎	脑膜炎双球菌	威克塞保
1888	食物中毒	肠炎沙门菌	格尔特内
1892	气性坏疽	产气荚膜杆菌	伟克
1894	鼠疫	鼠疫耶尔森菌	北里、耶尔森分别独立发现
1896	肉毒中毒	肉毒杆菌	埃尔门坚
1898	痢疾	痢疾志贺菌	志贺
1900	副伤寒	副伤寒沙门氏菌	苏特穆勒尔
1903	梅毒	苍白螺旋体	夏定和霍夫蔓
1906	百日咳	百日咳杆菌	博尔代和让古

在随后的几十年中,微生物学家和药物学家联手进行的许多科学研究和技术开发,使人类有了强有力的武器来对付那些凶恶的病原菌。在20世纪50年代以后,人类基本上脱离了任凭病原微生物宰割的被动局面,人类的平均寿命有了明显的增加,我们不应该忘记那些在战胜病原微生物的战场上立下卓著功勋的第一批猎手们。

> 微生物与人类的密切关系,在关系到人类生死存亡的医学领域首先被社会所确认,从此微生物学迅速成为一门重要的学科。

链接——巴氏消毒法

◆牛奶巴氏消毒法的基础就是巴斯德提出的

病因在于细菌,那么显而易见,只有防止细菌进入人体才能避免得病。因此,巴斯德强调医生要使用消毒法。向世界提出在手术中使用消毒法的约瑟夫·辛斯特便是受了巴斯德的影响。有毒细菌是通过食物、饮料进入人体的。巴斯德发明了在饮料中杀菌的方法,后称为巴氏消毒法(加热灭菌)。

与细菌作战

拓展思考

1. 是谁第一个利用显微镜看到了细菌?
2. 路易斯·巴斯德对人类有什么贡献?
3. 说说你对细菌的看法?
4. 注意留心一下你家的牛奶瓶上面有没有标注有巴氏消毒法?

微观世界的精灵——细菌的基本知识

兄弟姐妹不胜数——细菌的种类

谈到细菌，大家都会联想到生病、感冒、发热、感染等令人头疼的问题。人可以按照种族、国籍、宗教、肤色等分类，那么细菌是怎样分类的呢？其实细菌的分类方法有很多种，常见的有根据形态和染色情况进行分类以及根据致病性进行分类。一起去看看形态各异的细菌吧。那么，什么是细菌呢？广义的细菌即为原核生物，是指一大类细胞核无核膜包裹，只存在称作拟核区和裸露

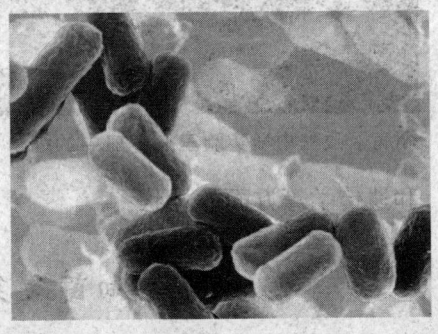

◆这是电子显微镜下放大数百万倍的细菌形态

DNA的原始单细胞生物，包括真细菌和古生菌两大类群。人们通常所说的细菌为狭义的细菌，狭义的细菌是原核生物的一类，是一类形状细短、结构简单、多以二分裂方式进行繁殖的原核生物，是在自然界中分布最广、个体数量最多的有机体，是大自然物质循环的主要参与者。

细菌分类有讲究

应用各种现代化技术和设备研究细胞的化学结构和化学组成，分析它们的来源关系，为发展细菌分类学开拓了前景。

细菌分类学是指对细菌进行分类、命名与鉴定的一门学科。它的任务是在全面了解细菌的生物学特征的基础上，研究它们的种类，探索其起源、演化以及与其他类群之间的亲缘关系，进而提出能反映细菌自然发展的分类

与细菌作战

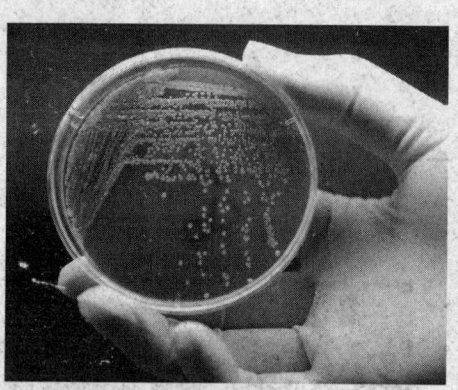
◆病原微生物学实验室培养皿中的细菌

系统，并将细菌加以分门别类。

细菌的分类等级和其他生物相同，依次为界、门、纲、目、科、属、种。细菌属于原核生物界，包括放线菌、支原体、衣原体、立克次体和螺旋体。

细菌的分类是在对细菌的大量分类标记进行鉴定和综合分析的基础上进行的。用作细菌的分类标记有形态学、生理生化学、免疫化学和遗传学等方面的性状。

细菌众多的分类方法

根据细菌的形态分类——可以将它们分成球菌、杆菌和螺形菌。这也是最为常见的一种细菌分类方法。如常见的大肠埃希菌、葡萄球菌、霍乱弧菌等。

> 在某些条件下，致病菌和非致病菌会相互转化，也就是说，致病菌会变成非致病菌，而非致病菌会转化为致病菌。

根据革兰染色分类——可以把各种细菌分为革兰阳性菌和革兰阴性菌。革兰阳性菌的细胞壁很厚，染色后在显微镜下为蓝紫色，而革兰阴性菌的细胞壁薄，染色后呈红色。

根据细菌的致病性分类——致病性是细菌的一个重要特征，总的来说，可以分为致病菌和非致病菌。顾名思义，致病菌是导致大家生病的有害菌，而非致病菌则对人体没有什么威胁。

根据细菌对氧气的需要分类——专性需氧菌：在无游离氧的环境中不能生长，如结核杆菌、霍乱弧菌；微需氧菌：在低氧（5%～6%）中生长最好，如空肠弯曲菌、幽门螺杆菌；兼性厌氧菌：在有氧或无氧环境中都生长，大多数病原菌属此类；专性厌氧菌：只能在无氧的环境中进行发酵，如破伤风梭杆菌、脆弱类杆菌。

微观世界的精灵——细菌的基本知识

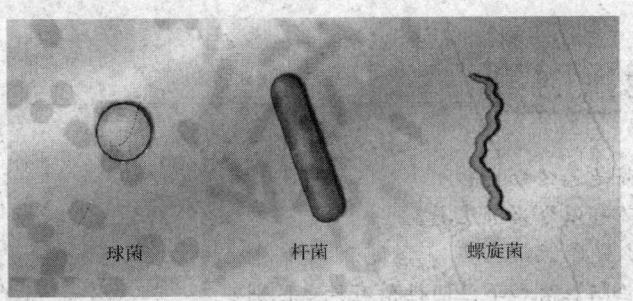

◆不同的细菌形态（球菌　杆菌　螺旋菌）

 链接：什么是革兰染色？

由于微生物细胞含有大量水分（一般在80%～90%以上），对光线的吸收和反射与水溶液的差别不大，与周围背景没有明显的明暗差。所以，除了观察活体微生物细胞的运动性和直接计算菌数外，绝大多数情况下都必须经过染色后，才能在显微镜下进行观察。

革兰染色法是细菌学中广泛使用的一种鉴别染色法。细菌先经碱性染料结晶染色，而经碘液媒染后，用乙醇脱色。在一定条件下有的细菌颜色不被脱去，有的可被脱去，因此可把细菌分为两大类，前者叫做革兰阳性菌［G（+）］，后者为革兰阴性菌［G(-)］。

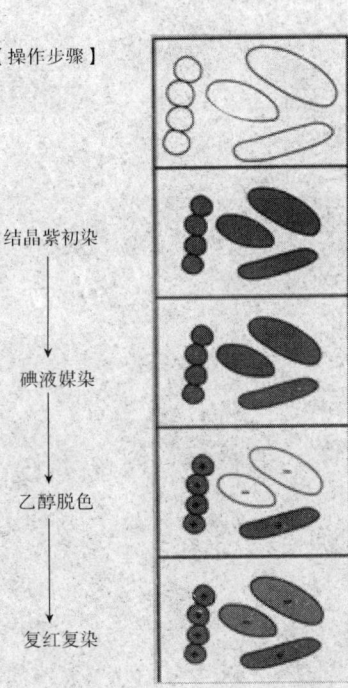

【操作步骤】
结晶紫初染
↓
碘液媒染
↓
乙醇脱色
↓
复红复染

◆革兰染色法

 与 细 菌 作 战

 拓展思考

1. 细菌是怎么分类的？
2. 细菌可以分为哪几类？
3. 什么是革兰染色？
4. 革兰阳性菌和革兰阴性菌有什么区别？

微观世界的精灵——细菌的基本知识

麻雀虽小五脏全
——细菌的形态结构

细菌是属于原核细胞的一种单细胞生物,形体微小,结构简单。无成形细胞核,也无核仁和核膜,除核蛋白体外无其他细胞器。在适宜的条件下有相对稳定的形态与结构。一般将细菌染色后用光学显微镜观察,可识别各种细菌的形态特点,而其内部的超微结构须用电子显微镜才能看到。细菌的形态对诊断和防治疾病以及研究细菌等方面的工作,具有重要的理论和实践意义。

小个子有大内容——细菌结构

观察细菌常用光学显微镜,通常以微米作为测量它们大小的单位。肉眼的最小分辨率为0.2毫米,观察细菌要用光学显微镜放大几百倍到上千倍才能看到。

细菌的结构对细菌的生存、致

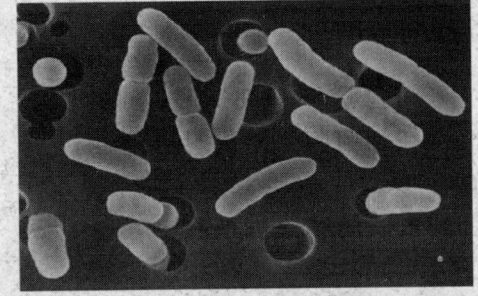

◆放大数百倍可以看见的细菌的形态

病性和免疫性等均有一定的作用。细菌的结构按分布部位大致可分为:表层结构,包括细胞壁、细胞膜、荚膜;内部结构包括细胞浆、核蛋白体、核质、质粒及芽孢等;外部附件,包括鞭毛和菌毛。习惯上又把一个细菌生存不可或缺的或一般细菌通常具有的结构称为基本结构,而把某些细菌在一定条件下所形

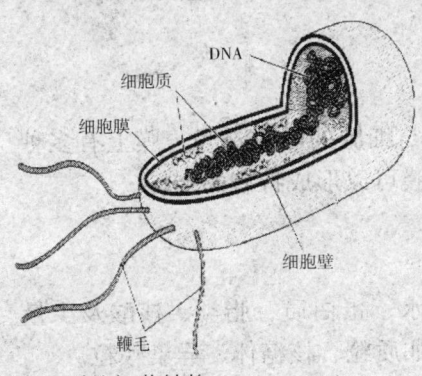

◆典型的细菌结构

成的特有结构称为特殊结构。细菌基本结构包括细胞壁、细胞膜、细胞浆及核质。

细胞壁

细胞壁为细菌表面比较复杂的结构。是一层较厚（5～80纳米）、质量均匀的网状结构，细菌的细胞壁坚韧而富有弹性，保护细菌抵抗低渗环境，并使细菌在低渗的环境下不易破裂；细胞壁对维持细菌的固有形态起重要作用；可允许水分及直径小于1纳米的可溶性小分子自由通过，与物质交换有关；细胞壁上带有多种抗原决定簇，决定了细菌菌体的抗原性。

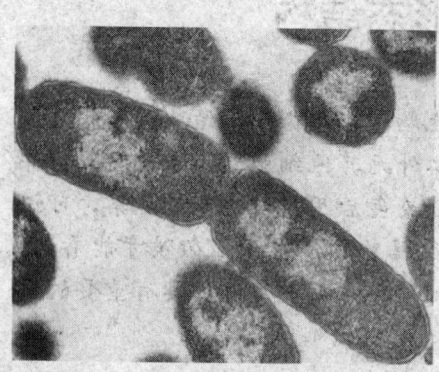
◆大肠埃希菌电子显微镜照片，核质为中间低电子密度区

细胞膜

细胞膜位于细胞壁内侧，包绕在细菌胞浆外的具有弹性的半渗透性脂质双层生物膜。主要由磷脂和蛋白质构成，膜不含胆固醇是与真核细胞膜的区别点。细胞膜有选择性通透作用，与细胞壁共同完成菌体内外的物质交换。膜上有多种呼吸酶，参与细胞的呼吸过程。膜上有多种合成酶，参与生物合成过程。细菌的细胞膜可以形成特有的结构。

> 细菌的核质是由双股DNA组成的单一的一根环状染色体反复回旋盘绕而成，细菌的染色体是裸露的DNA。

胞浆

胞浆是无色透明胶状物，基本成分是水、蛋白质、脂类、核酸及少量无机盐。细胞浆中还存在一些胞浆颗粒，如质粒、核糖体、异染颗粒。

微观世界的精灵——细菌的基本知识

核质

核质是细菌的遗传物质,决定细菌的遗传特征。集中在细胞浆的某一区域,多在菌体中部。它与真核细胞的细胞核不同点在于四周无核膜,故不成形,也无组蛋白包绕。一个菌体内一般含有1~2个核质。

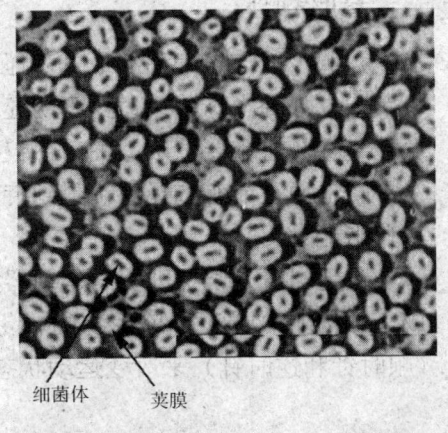

细菌体　荚膜

◆细菌的荚膜

 讲解——什么是L型细菌?

L型是指细菌发生细胞壁缺陷的变型。因其首次在Lister研究所发现。故以其第一个字母命名。当细菌细胞壁中的肽聚糖结构受到理化或生物因素的直接破坏或合成被抑制时,这种细胞壁受损的细菌一般在普通环境中不能耐受菌体内部的高渗透压而将胀裂死亡;但在高渗环境下,它们仍可存活而成为细菌细胞壁缺陷型。革兰阳性菌L型称为原生质体,必须生存于高渗透环境中。革兰阴性菌L

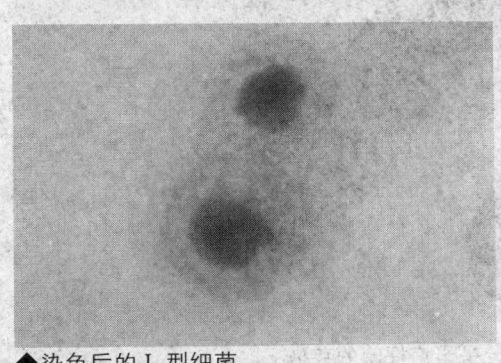

◆染色后的L型细菌

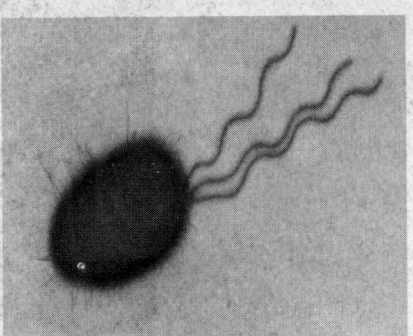

◆细菌的鞭毛

15

与细菌作战

型称为原生质球，在低渗环境中仍有一定的抵抗力。

其他结构

荚膜——许多细菌的最外表还覆盖着一层多糖类物质，边界明显的称为荚膜，如肺炎球菌；边界不明显的称为黏液层，如葡萄球菌。荚膜对细菌的生存具有重要意义，细菌不仅可利用荚膜抵御不良环境，保护自身不受吞噬，而且能有选择地粘附到特定细胞的表面上，表现出对靶细胞的专一攻击能力。

鞭毛——是某些细菌的运动器官，由一种称为鞭毛蛋白的弹性蛋白构成，结构上不同于真核生物的鞭毛。细菌可以通过调整鞭毛旋转的方向（顺时针和逆时针）来改变运动状态。

广角镜——为什么芽孢不容易被杀死？

芽孢具有多层厚而致密的胞膜，由内向外依次为核心、内膜、芽孢壁、皮质、外膜、芽孢壳和芽孢外衣。特别是芽孢壳，无通透性，有保护作用，能阻止化学品渗入。芽孢形成时能合成一些特殊的酶，这些酶较之繁殖体中的酶具有更强的耐热性。芽孢核心和皮质层中含有大量吡啶二羧酸（DPA），占芽孢干重的

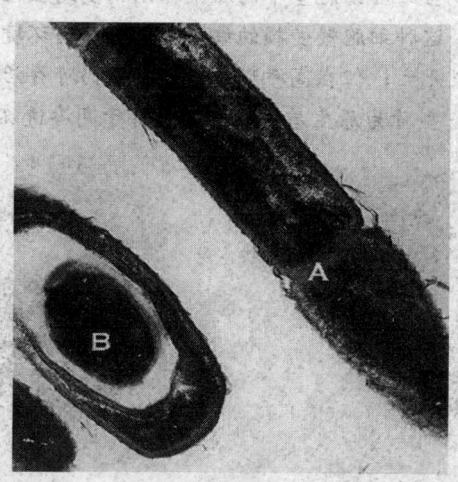

◆图中 B 所示部分是炭疽杆菌的芽孢

5%～15%，是芽孢所特有的成分，在细菌繁殖体和其他生物细胞中都没有。DPA 能以一种现尚不明的方式，使芽孢的酶类具有很高的稳定性。芽孢形成过程中很快合成 DPA，同时也获得耐热性。

拓展思考

1. 细胞有哪些基本结构？
2. 细菌鞭毛的作用是什么？
3. 什么是 L 型菌？
4. 为什么芽孢不容易被杀死？

与细菌作战

超生游击队——细菌的繁殖

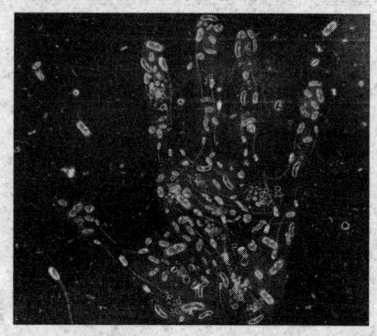

◆细菌无处不在

微生物广泛分布于自然界中,无论是高山平原、江河湖海、动植物体内外,乃至一般生物无法生存的臭氧层、海底和岩芯中,都有微生物的存在。甚至人的皮肤、口腔、鼻腔、肠道、胃等,都存在着大量的细菌,但是绝大部分的细菌对人类都是有益的,只有少数的细菌种类对人类有害。那么细菌是怎样培养"下一代"的呢?在这一节将为你揭示答案。

苛刻的细菌繁殖条件

细菌生长繁殖需要充足的营养、适宜的温度、合适的酸碱度、必要的气体环境。

充足的营养——必须有充足的营养物质才能为细菌的新陈代谢及生长繁殖提供必需的原料和足够的能量。

适宜的温度——细胞生长的温度极限为$-7℃\sim 90℃$。各类细菌对温度的要求不同,可分为:嗜冷菌,最适生长温度为($10℃\sim 20℃$);嗜温菌,$20℃\sim 40℃$;嗜热菌,在$56℃\sim 60℃$生长最好。病原菌均为嗜温菌,最适温度为人体的体温,即37℃左右,故实验室一般采用37℃培养

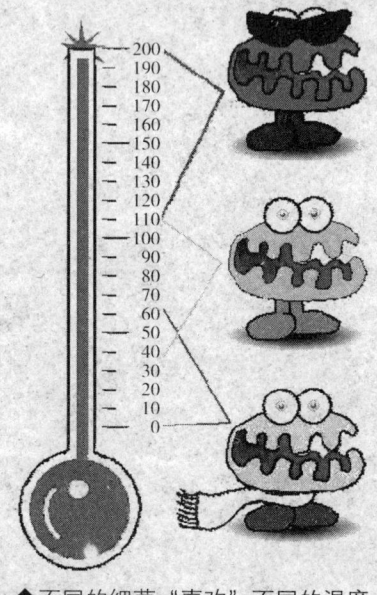

◆不同的细菌"喜欢"不同的温度

微观世界的精灵——细菌的基本知识

细菌。

合适的酸碱度——在细菌的新陈代谢过程中，酶的活性在一定的 pH 值范围才能发挥。多数病原菌最适 pH 值为中性或弱碱性（pH 值 7.2～7.6）。人类血液、组织液 pH 值为 7.4，细菌极易生存。胃液偏酸，绝大从数细菌可被杀死。个别细菌在碱性条件下生长良好，如霍乱弧菌在 pH 值 8.4～9.2 时生长最好；也有的细菌最适 pH 值偏酸，如结核杆菌（pH 值 6.5～6.8）、乳酸杆菌（pH 值 5.5）。细菌代谢过程中分解糖产酸，pH 值下降，影响细菌生长，所以培养基中应加入缓冲剂，保持 pH 值稳定。

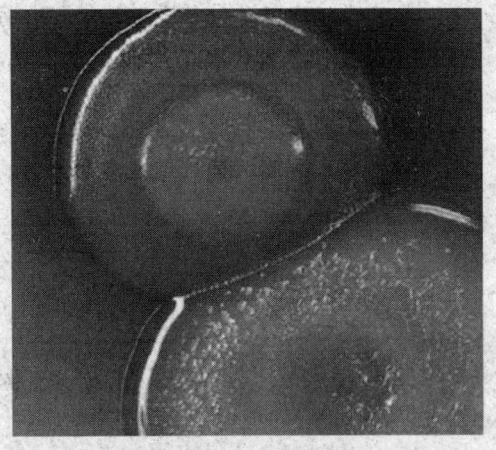
◆细菌繁殖示意图

必要的气体环境——氧的存在与否和生长有关，有些细菌仅能在有氧条件下生长；有的只能在无氧环境下生长；而大多数病原菌在有氧及无氧的条件下均能生存。一般细菌代谢中都需 CO_2，但大多数细菌自身代谢所产生的 CO_2 即可满足需要。有些细菌，如脑膜炎双球菌在初次分离时需要较高浓度的 CO_2（5%～10%），否则生长很差甚至不能生长。

有些嗜温菌低温下也可生长繁殖，如金黄色葡萄球菌，其在缓慢生长中释放毒素，故食用过夜和冰箱冷存的变质的食物，可致食物中毒。

 广角镜——纸篓里细菌一天繁殖几代？

为了方便，很多家庭都会在卫生间的马桶边放一个废纸篓，存放使用过的厕纸。医生说，切莫因贪图一时方便，而让细菌随空气在家庭中散播。

使用后的厕纸上会沾有大量的致病菌。这些细菌在人体内可能属于完全正

与细菌作战

常的菌群。但当它们都被扔进了桶里后，在卫生间温暖、潮湿的环境下，细菌会迅速繁殖，每20～50分钟就繁殖一代，弥漫在卫生间的各个角落里，会严重影响我们的健康。此外，很多家庭卫生间里的废纸篓有的时候甚至会放上好几天，这样做只会污染厕所的环境，给病毒和细菌的繁殖创造有利条件。

◆纸篓中有很多细菌

细菌生长繁殖的方式

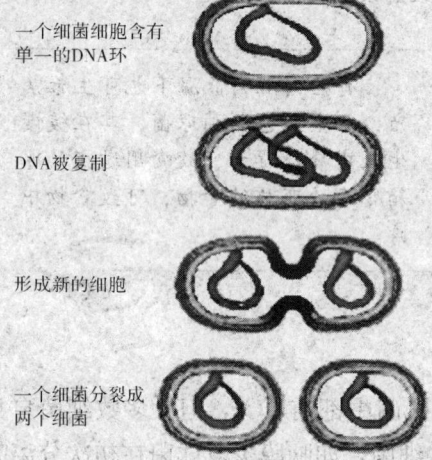

一个细菌细胞含有单一的DNA环

DNA被复制

形成新的细胞

一个细菌分裂成两个细胞

◆细菌繁殖方式

细菌以简单的二分裂方式进行无性繁殖，其突出的特点为繁殖速度极快。细菌分裂倍增的必须时间，称为代时，细菌的代时决定于细菌的种类并受环境条件的影响，细菌代时一般为20～30分钟，个别细菌较慢，如结核杆菌代时为18～20小时，梅毒螺旋体为33小时。

在适宜条件下，多数细菌繁殖速度极快，分裂一次需时仅20～30分钟。球菌可从不同平面分裂，分裂后呈不同方式排列。杆菌则沿横轴分裂。细菌分裂时，细胞首先增大，染色体复制。在革兰阳性菌中，体复制时，中介体亦一分为二，各向两端移动，分别拉着复制好的一根染色体移到细胞的两侧。接着细胞中部的细胞膜由外向内陷入，逐渐伸展，形成横隔。同时细胞壁亦细菌染色体与中介体相连，当染色

细菌一般以简单的二分裂方式进行无性繁殖，个别细菌如结核杆菌偶有分枝繁殖的方式。

微观世界的精灵——细菌的基本知识

向内生长，成为两个子代细胞的胞壁，最后由于肽聚糖水解酶的作用，使细胞壁肽聚糖的共价键断裂，全裂成为两个细胞。革兰阴性菌无中介体，染色体直接连接在细胞膜上。复制产生的新染色体则附着在邻近的一点上，在两点之间形成新的细胞膜，将两团染色体分离在两侧。最后细胞壁沿横隔内陷，整个细胞分裂成两个子代细胞。

 广角镜——关键是抑制细菌繁殖

细菌性食物中毒具有明显的季节性，多发生在气候潮热的季节。这是由于气温高、湿度大，适合细菌生长繁殖。细菌在被污染的食物中大量繁殖，产生大量毒素，包括肠毒素和细菌裂解后释放出的内毒素，是发生食物中毒的基本条件。

预防细菌性食物中毒关键是抑制细菌繁殖，要注意几条：挑选食品，要选择新鲜、无变质的；食物在食用前应充分清洗和浸泡；挑海鲜，最好选择活的；为防止熟食被细菌污染，切生食和熟食所用的刀、砧板要分开；做凉拌菜一定要洗净消毒，最好不要吃隔夜凉拌菜；冰箱里存放的食物应尽快吃完，冷冻食品进食前要加热，因为不少细菌在冷藏、冷冻条件下不会死亡，决不能把冰箱当作食品

◆食物的保存很有讲究

与细菌作战

保险箱;有些细菌产生的毒素不怕高温,因此并不是所有的食物加热后就可以吃了,一些剩饭、剩菜经加热后仍有引起食物中毒的危险,常温下保存时间不得超过2小时;消灭苍蝇、蟑螂、红蚂蚁等细菌的传播媒介。

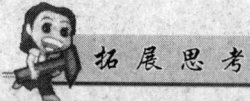

拓展思考

1. 细菌的繁殖需要什么条件?
2. 细菌有哪几种繁殖方式?
3. 细菌的繁殖速度为什么很惊人?
4. 在多少温度下细菌会大量繁殖?

微观世界的精灵——细菌的基本知识

上天入地都有我——细菌的分布和传播

细菌种类多,繁殖快,适应环境能力强,因此,细菌广泛分布于自然界,在水、土壤、空气、食物、人和动物的体表以及与外界相通的腔道中,常有各种细菌和其他微生物存在,在自然界物质循环上起重要作用。不少细菌是对人类有益的,对人致病的只是少数。

细菌在自然界的分布

土壤中的细菌

土壤中含有大量的微生物,土壤中的细菌来自天然生活在土壤中的自养菌和腐物寄生菌以及随动物排泄物及其尸体进入土壤的细菌。它们大部分在离地面10～20厘米深的土壤处存在。土层越深,菌数越少,暴露于土层表面的细菌由于日光照射和干燥,不利于其生存,所以细菌数量最少。

土壤中的微生物以细菌为主,放线菌次之,另外还有真菌、螺旋体等。土壤中的微生物绝大多数对人体是有益的,它们参与大自然的物质循环,分解动物的尸体和排泄物;固定大气中的氮,供给植物利用;土壤中可分离出许多能产生抗生素的微生物。进入土壤中的病原微生物容易死亡,但是一些能形成孢的细菌如破伤风杆菌、气性坏疽病原菌、肉毒杆菌、炭疽杆菌等可在土壤中存活多年。因此,在创伤以及战伤时,由于可能接触到土壤里的厌氧性病原微生物,使得发生厌氧性感染的机会增加。

水中的细菌

水也是微生物存在的天然环境,水中的细菌来自土壤、尘埃、污水、人畜排泄物及垃圾等。水中微生物的种类及数量因水源不同而异。一般地

 与细菌作战

面水比地下水含菌数量多，并易被病原菌污染。在自然界中，水源虽不断受到污染，但也经常进行着自净作用。日光及紫外线可使表面水中的细菌死亡，水中原生生物可以吞噬细菌，藻类和噬菌体能抑制一些细菌生长；另外，水中的微生物常随一些颗粒下沉于水底污泥中，使水中的细菌大为减少。

◆土壤中有许多细菌

◆这样的水里有大量的细菌

 知识窗

水质的检测

直接检查水中的病原菌是比较困难的，常用测定细菌总数和大肠埃希菌菌落数，来判断水的污染程度，目前我国规定生活饮用水的标准为1毫升水中细菌总数不超过100个；每升水中大肠埃希菌菌落数不超过3个。超过此数，表示水源可能受粪便等污染严重，水中可能有病原菌存在。

空气中的细菌

空气中的微生物分布的种类和数量因环境不同而有所差别。空气中的微生物来源于人畜呼吸道的飞沫及地面飘扬起来的尘埃。由于空气中缺乏营养物及适当的温度，细菌不能繁殖，且常因阳光照射和干燥作用而被消

微观世界的精灵——细菌的基本知识

灭。只有抵抗力较强的细菌和真菌或细菌芽孢才能存留较长时间。室外空气中常见产气芽孢杆菌、产色素细菌及真菌孢子等；室内空气中的微生物比室外多，尤其是人口密集的公共场所、医院病房、门诊等处，容易受到带菌者和患者的污染。如飞沫、皮屑、痰液、脓液、汗液和粪便等携带大量的微生物，可严重污染空气。

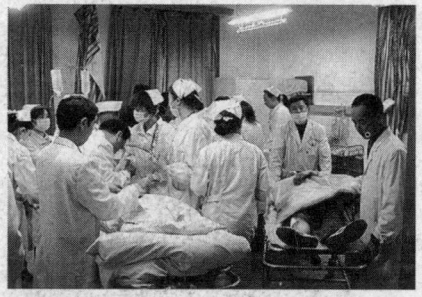

◆医院里有许多患者，且人流量大，造成空气中有大量的细菌

广角镜——加湿器也可能传播细菌

冬春季空气干燥，再加上取暖设备的启用，很多人会感觉每天起床时嗓子干痛、皮肤干痒，有的人甚至会流鼻血，所以加湿器的应用日益广泛。但是，专家提醒，加湿器使用不当可引发疾病。

室内常见微生物除细菌外，还有真菌、放线菌，这些都可引发肺炎或呼吸道疾病，在人们享受着湿润空气的同时，室内的各种"菌"也在快速繁殖。抵抗力相对较弱的老年人、儿童等吸入这些病菌后容易感染，而该类病症引起的咳嗽，也会加速细菌的传播。

◆不清洁的加湿器可以传播细菌

人体感觉比较舒适的相对湿度是50%左右，如果空气湿度太高，人会感到胸闷、呼吸困难，所以，加湿要适量。一般湿度为40%~60%即可，这样病菌较难传播，人体也会感觉良好。长期用加湿器的家庭，使用时最好配置湿度表，将室内湿度保持在一定范围。此外，加湿器还应每天换水，而且最好一周清洗一次，以防水中的微生物散布到空气中。

你的体内也有细菌

◆细菌通过各种渠道传播

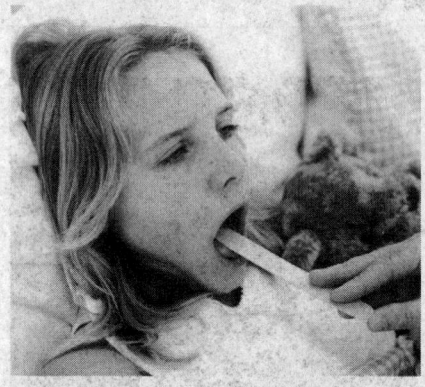
◆口腔是细菌生长的温床

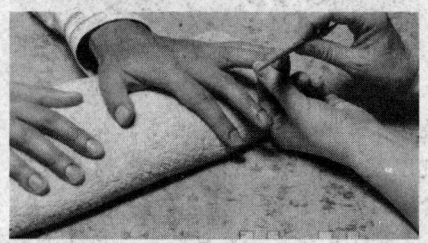
◆指甲是藏污纳垢的地方

人自出生后,外界的微生物就逐渐进入人体。在正常人体皮肤、黏膜及与外界相通的各种腔道(如口腔、鼻咽腔、肠道和泌尿道)等部位,存在着对人体无害的微生物群,包括细菌、真菌、螺旋体、支原体等。它们在与宿主的长期进化过程中,微生物群的内部及其与宿主之间互相依存、互相制约,形成一个能进行物质、能量交换的动态平衡的生态系统,习惯称之为正常菌群。正常菌群大部分是长期居留于人体的又称为常居菌,也有少数微生物是暂时寄居的,称为暂居菌。

皮肤上的细菌——往往因个人卫生及环境情况而有所差异。最常见的是革兰阳性球菌,其中以表皮葡萄球菌为多见,有时亦有金黄色葡萄球菌。当皮肤受损伤时,可引起化脓性感染,如疖、痈。在外阴部与肛门部位,可找到非致病性抗酸性耻垢分枝杆菌。

口腔中的细菌——口腔温度适宜,含有食物残渣,是微生物易于生长的地方。口腔中的微生物有各种球菌、乳酸杆菌、梭形菌、螺旋体和真菌等。

胃肠道的细菌——因部位而不同,胃肠道存在细菌的情况也各异。由于

微观世界的精灵——细菌的基本知识

胃酸的杀菌作用,健康人的空肠内常常没有细菌。若胃功能障碍,如胃酸分泌降低,尤其是胃癌时,往往出现八叠球菌、乳酸杆菌、芽孢杆菌等。成年人的空肠和回肠上部的细菌很少,甚至无菌,肠道下段细菌

> 人体多数器官是无菌的,若侵入的细菌未被消灭,可引起感染。所以,当手术时,应严格执行无菌操作,以防细菌感染。

逐渐增多。大肠积存有食物残渣,又有合适酸碱度,适于细菌繁殖,菌量占粪便的1/3。大肠中微生物的种类繁多,主要有大肠埃希菌、脆弱类杆菌、双歧杆菌、厌氧性球菌等,其他还有乳酸杆菌、葡萄球菌、绿脓杆菌、变形杆菌、真菌等。

呼吸道的细菌——鼻腔和咽部经常存在葡萄球菌、类白喉杆菌等。在咽喉及扁桃体黏膜上,主要是甲型链球菌和卡他球菌占优势,此外还经常存在着潜在致病性微生物如肺炎球菌、流感杆菌、乙型链球菌等。正常人支气管和肺泡是无菌的。

共用牙膏容易细菌传播?

生活中,很多家庭都是一家人共用一支牙膏,殊不知,很多口腔疾病会因此交叉感染。而且,每个人应按照不同的口腔状况,选用不同的牙膏。

共用同一支牙膏,如果其中一人感冒,或患有

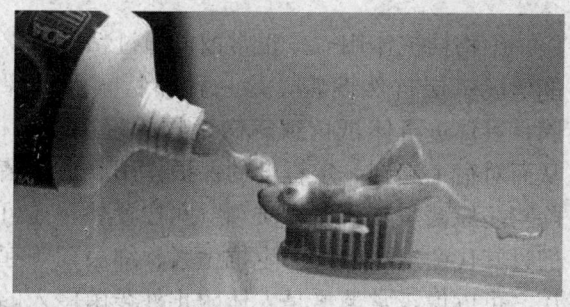

◆在接触中感染了细菌

口腔疾病,在刷牙的过程中,感冒病毒、口腔细菌很容易残留在牙刷毛缝中,在牙膏口与牙刷相互摩擦下,又会将病毒、细菌传播到其他人的牙刷上。

与此同时,大管牙膏使用的时间较长,暴露在空气中的时间自然会增多,牙刷在反复使用中,接触细菌的机会也就大大增加。因此牙科医生建

与细菌作战

议,最好每个人都有自己的牙膏,并要选择小管的,以减少细菌传播的概率。

广角镜——牙膏选择有讲究

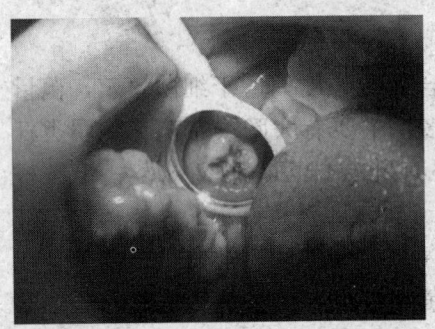

◆可怕的龋齿

由于每个人的口腔状况不一样,牙膏的选择也应具有针对性。牙科医生表示,除了儿童专用牙膏要分开选购外,不同牙齿状况的人,也应使用不同的牙膏,比如患有牙周炎或牙龈炎的人,可以适当选用一些中草药牙膏或含抗炎成分的牙膏。如果牙齿有龋病(龋齿)状况,可选购一些含氟牙膏,以免牙齿发生腐蚀病变,在牙面上形成龋洞。如果有口腔溃疡、牙齿发黑、牙痛、口臭等情况,应该尽快到医院就诊。

细菌对人体的"贡献"

生物拮抗作用——正常菌群通过粘附和繁殖能形成一层自然菌膜,是一种非特异性的保护膜,可促进机体抵抗致病微生物的侵袭及定植,从而对宿主起到一定程度的保护作用。正常菌群除与病原菌争夺营养物质和空间位置外,还可以通过其代谢产物以及产生抗生素、细菌素等起作用。可以说正常菌群是人体防止外袭菌侵入的生物屏障。

刺激免疫应答——正常菌群释放的内毒素等物质可刺激机体免疫系统保持活跃状态,是非特异免疫功能的一个不可缺少的组成部分。

合成维生素——有些微生物能合成维生素,

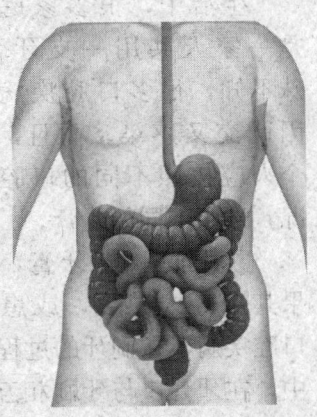

◆消化道里有许多正常菌群,帮助消化

微观世界的精灵——细菌的基本知识

如核黄素、生物素、叶酸、吡哆醇及维生素K等,供人体吸收利用。

降解食物残渣——肠道中正常菌群可互相配合,降解未被人体消化的食物残渣,便于机体进一步吸收。

在正常情况下,人体和正常菌群之间以及正常菌群中各细菌之间,保持一定的生态平衡。如果生态平衡失调,以致机体某一部位的正常菌群中各细菌的比例关系发生数量和质量上的变化,称为菌群失调。菌群失调的常见诱因主要是使用抗生素、放射性核素、激素、患有慢性消耗性疾病时肠道、呼吸道、泌尿生殖道的功能失常也是重要原因。去除诱因后一般可使菌群恢复,也有长期失调难于逆转的情况。

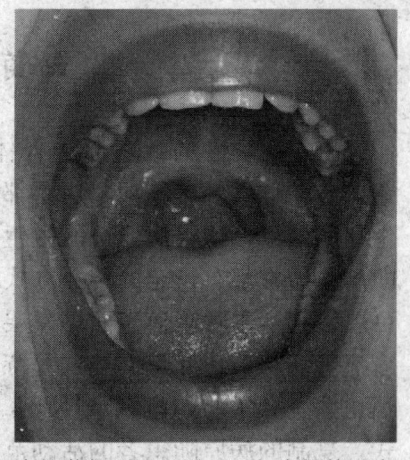
◆细菌侵入呼吸道,引起扁桃体肿大

讲解——细菌可以让你生病

在一定条件下,正常菌群中的细菌也能使人患病:①由于机体的防卫功能减弱,引起自身感染。例如皮肤黏膜受伤(特别是大面积烧伤)、身体受凉、过度疲劳、长期消耗性疾病等,可导致正常菌群的自身感染;②由于正常菌群寄居部位的改变,发生了定位转移,也可引起疾病。例如大肠埃希菌进入腹腔或泌尿道,可引起腹膜炎、泌尿道感染。因此,这些细菌称为条件致病菌。

◆勤洗手可以预防细菌感染

与细菌作战

细菌也可以传播

由于生物性的致病原于人体外可存活的时间不一,存在人体内的位置、活动方式各有不同,这些都影响了一个感染性疾病感染的过程。为了生存和繁衍,这类病原性的微生物必须具备可传播的性质。每一种传染性的病原通常都有特定的传播方式。例如通过呼吸的路径,某些细菌或病毒可以引起宿主呼吸道表面黏膜层的形态变化,刺激神经反射而引起咳嗽或喷嚏等症状,藉此重回空气等待下一个宿主。但也有部分微生物则是引起消化系统异常,如腹泻或呕吐,并随着排出物散布在各处。通过这些方式,复制的病原随患者的活动范围可大量散播。

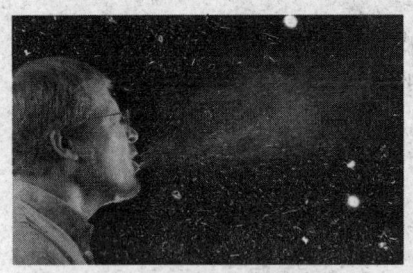
◆打喷嚏时可以喷出大量细菌

◆接触传播疾病

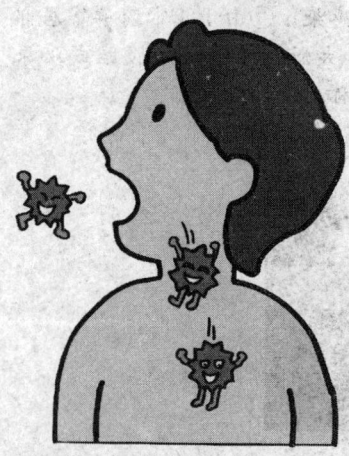
◆细菌可以通过嘴巴进入人体

空气传播——有些病原体在空气中可以自由散布,直径通常为5微米,能够长时间浮游于空气中,作长距离的移动,主要藉由呼吸系统传播,有时亦与飞沫传染混称。

飞沫传播——飞沫传播是许多疾病的主要传播途径,藉由患者咳嗽、打喷嚏、说话时,喷出温暖而潮湿的液滴,细菌附着其上,随空气飘散,短时间、短距离地在风中漂浮,由下一位宿主因呼吸、张口或偶然碰触到眼球表面时粘附,造成新的宿主受到感染。例如:细菌性脑膜炎、普通感冒、结核、麻

微观世界的精灵——细菌的基本知识

疹等。

粪—口传播——常见于发展中国家卫生系统尚未健全、教育倡导不周的情况下。未处理的废水或受细菌沾染物，直接排放于环境中，可能污染饮水、食物或碰触口、鼻黏膜，以及如厕后清洁不完全，藉由饮食过程可导致食入者感染。

接触传播——经由直接碰触而传染的方式称为接触传染。这类疾病除了直接触摸、亲吻患者，也可以通过共享牙刷、毛巾、刮胡刀、餐具、衣物等贴身器材，或者因患者接触后，在环境留下细菌，完成传播的过程。

> 接触感染较常发生在学校、军队等物品可能不慎共享的场所。例如真菌感染的脚气、细菌感染的脓包症。

血液传播——主要透过血液、伤口的感染方式，将疾病传递至另一个个体身上。常见于医疗使用注射器材、输血技术之疏失。由于毒品的使用，共享针头的情况可造成难以预防的感染，尤其对于艾滋病的防范更加困难。

1. 细菌分布在哪里呢？
2. 人体内的细菌有什么作用？
3. 细菌是如何传播的？
4. 你们家共用牙膏吗，这样会传播细菌吗？

与细菌作战

胃口好，转化快——细菌的代谢

人体活动所需的能量是通过一日三餐的食物在体内代谢产生的。同样，细菌作为一个独立个体也需要能量。那么，细菌的代谢活动是怎样的呢？细菌具有独立的生命活动能力，可从外界环境中摄取营养物质，获得能量，具有代谢旺盛、繁殖迅速的特点。细菌代谢过程中，可产生多种对人类的生活及医学实践有重要意义的代谢产物。

细菌吃什么？——细菌的营养

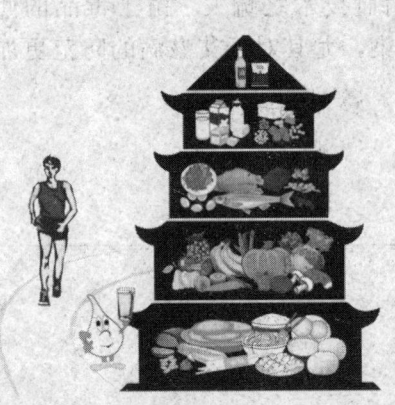

◆人类生存需要不停地补充营养物质，细菌何尝不是呢

细菌从周围环境中吸收作为代谢活动所必需的有机或无机化合物称为营养物质。一种物质可否作为细菌的营养物质，取决于两个因素：①该物质能否经一定的方式进入细胞；②细菌是否具有相应的酶，使进入细胞的物质用于细菌的新陈代谢。

细菌的营养物质有两方面作用：①用于组成细菌细胞的各种成分；②供给细菌新陈代谢中所需的能量。各类细菌对营养物质的要求差别很大。包括水、碳源、氮源、无机盐和生长因子等。其中，水是非常重要的，细菌湿重的80%～90%为水。细菌代谢过程中所有的化学反应、营养的吸收和渗透、分泌、排泄均需有水才能进行。

氢——组成细胞水分及有机物。

氧——参与细胞水分及有机物合成；细胞呼吸中的电子受体。

碳——细胞有机物的组成，提供能量来源。

微观世界的精灵——细菌的基本知识

氮——蛋白质、核酸和辅酶的组成。

硫——蛋白质组分、某些辅酶的组分（如辅酶A）。

磷——合成菌体结构成分（如核酸、磷脂、核蛋白、辅酶）；贮存或转运能量（三磷酸腺苷——ATP）。

◆细菌繁殖时，也需要大量的营养物

钾——细胞内重要的无机阳离子，某些酶的辅因子。

镁——多种酶反应的辅因子，稳定核蛋白体及细胞膜的作用。

锰——微量营养物质，参与某些酶的辅基。

钙——芽孢成分之一，某些酶的辅因子。

铁——细胞色素和过氧化氢，维生素 B_{12} 及其辅酶组分。

生长因子——很多细菌在其生长过程中还必需的一些自身不能合成的化合物质，称为生长因子。生长因子必须从外界得以补充，其中包括维生素、某些氨基酸、脂类、嘌呤、嘧啶等。

 原理介绍

因"菌"而异的生长因子

各种细菌对生长因子的要求不同，如大肠埃希菌很少需要生长因子，而有些细菌如肺炎球菌则需要胱氨酸、谷氨酸、色氨酸等多种生长因子。致病菌合成能力差，生长繁殖过程必须提供复杂的营养物质以使其获得相应的生长因子。有些生长因子仅为少数细菌所需。

 小资料：怎样把营养物质"吃进肚子"？

细菌的细胞膜具有选择性透过物质的作用，这对保证细菌有一个稳定的内在环境及在生长过程中不断获得各类营养物质十分重要。

 与细菌作战

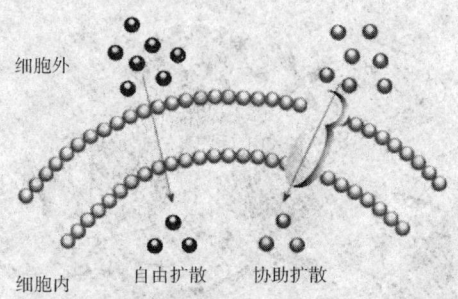
◆细菌营养物质的吸收

水及小分子溶质可经过半透膜性质的细胞壁及细胞膜进入菌体。大分子的营养物质如蛋白质、多糖和脂类必须在细菌分泌的胞外酶作用下，分解为小分子可溶性物质后才被吸收。

细菌为什么能引起疾病？

细菌通过新陈代谢不断合成菌体成分，如多糖、蛋白质、脂肪、核酸、细胞壁及各种辅酶等。此外，细菌还能合成很多导致疾病的代谢产物。

热原质——热原质即菌体中的脂多糖，大多是革兰阴性菌产生的。注入人或动物体内能引起发热反应，故名热原质。热原质耐高热，高压蒸汽灭菌不能使其破坏，加热才使热原质失去作用。热原质可通过一般细菌滤器，但没有挥发性，所以，除去热原质最好的方法是蒸馏。药液、水等被细菌污染后，即使高压灭菌或经滤过除菌仍可有热原质存在，输注机体后可引起严重的发热反应。生物制品或注射液制成后除去热原质比较困难，所以，必须使用无热原质的水制备。

毒素与酶——细菌可产生内毒素、外毒素及侵袭性酶，与细菌的致病性密切相关。

◆用这个大家伙灭菌，才能杀死热原质

◆许多用来治疗细菌感染的抗生素居然是细菌"生产"的

微观世界的精灵——细菌的基本知识

色素——有些细菌能产生色素，对细菌的鉴别有一定意义。如绿脓杆菌产生的绿脓色素使培养基或脓液呈绿色。

抗生素——某些微生物代谢过程中可产生一种能抑制或杀死某些其他微生物或癌细胞的物质，称抗生素。抗生素多由放线菌和真菌产生，细菌仅产生少数几种，如多黏菌素、杆菌肽等。

细菌素——某些细菌能产生一种仅作用于有近缘关系的细菌的抗菌物质，称细菌素。细菌素为蛋白类物质，抗菌范围很窄，无治疗意义，但可用于细菌分型和流行病学调查。

广角镜——细菌也"呼吸"

细菌生物氧化的类型分为呼吸与发酵。在生物氧化过程中，细菌的营养物（如糖）经脱氢酶作用所脱下的氢，需经过一系列中间递氢体（如辅酶Ⅰ、辅酶Ⅱ、黄素蛋白等）的传递转运，最后将氢交给受氢体。以无机物为受氢体的生物氧化过程，称为呼吸，其中以分子氧为受氢体的称需氧呼吸；而以无机化合物（如硝酸盐、硫酸盐）为受氢体的称厌氧呼吸。生物氧化中以各种有机物为受氢体的称为发酵。大多数病原菌只进行需氧呼吸或发酵。

◆科学家通过实验发现细菌也"呼吸"

拓展思考

1. 细菌存活需要哪些营养？
2. 细菌怎样把营养物质"吃进肚子"？
3. 细菌如何导致疾病？
4. 细菌是如何代谢的？

与细菌作战

我有七十二变——细菌的变异

我国有句古话："一母生九子，连娘十个样。"即使是双胞胎，也是很容易被其父母辨认出来的，甚至在我们周围，还能看到视力正常的双亲，却偏偏生出一个高度近视的女儿来。这种亲代和子代之间以及子代各个体之间存在的差异现象，就称为变异。细菌也是这样，具有变异性。

细菌的变异性

◆由于基因的变异，英国老汉种出双色菊花

细菌和其他微生物一样，具有遗传性和变异性。细菌的形态、结构、新陈代谢、抗原性、毒力以及对药物的敏感性等是由细菌的遗传物质所决定的。在一定的培养条件下这些性状在亲代与子代间表现为相同，为遗传性。然而也可出现亲代与子代间的变异。

在细菌的生长繁殖过程中观察到为数众多的变异现象。在形态变异方面，细菌的大小可发生变异；有时细菌可失去荚膜，芽孢或鞭毛；有的细菌出现了细胞壁缺陷的L型细菌。细菌的毒力变异可表现为毒力增强或减弱。肠道杆菌中如沙门菌属、志贺菌属中常发生鞭毛抗原以及菌体抗原的变异。变异后，细菌的抗原性消失或发生改变，从而不能被特异的抗体所凝集。有些细菌的变异表现为菌落的变异如S（光滑型）与R（粗糙型）变异。菌落由光滑、边缘整齐，变异为表面粗糙、干皱，边缘整齐。S-R变异多见于肠道杆菌，其变异的物质基础为革兰阴性菌细胞壁外膜的脂多糖蛋白质复合物中，失去了末端的特异寡糖，从而暴露了非特异的核心多糖。因此失去相应的O特异性抗体，毒力及生化反应亦随之改变。

微观世界的精灵——细菌的基本知识

 知识窗

卡介苗

艾伯特·卡尔梅特和卡米约·介兰（卡介二氏）将有毒力的结核杆菌在含有胆汁的甘油马铃薯培养基上连续传代，经13年230代获得了减毒，但保持疫原性的菌株，目前称为卡介苗，用于人工接种以预防结核病。

细菌的变异现象可能属遗传变异，也可能属表型变异。判断究竟是何种型别的变异必须通过对遗传物质的分析以及传代后才能区别。如果细菌的变异是由于细菌所处的外界环境条件的作用，引起细菌的基因表达调控变化而出现的差异，则称为表型变异。表型变异因为并未发生细菌基因型的改变，不能遗传，所以是是非遗传变异。遗传使细菌保持种属的相对稳定性，而基因型变异则使细菌产生变种与新种，有利于细菌的生存及进化。

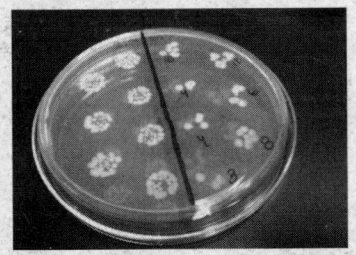
◆通过不断的培养，细菌会产生变异

 讲解——卡介苗的发明

卡介二氏，是法国的两个年轻人，他们坚信结核杆菌随着一代一代的接种，其毒力会逐渐下降，而免疫力却可以保持不变的学术观点，坚持13年接种培养结核杆菌，以求做成活菌疫苗用于结核病的预防。13年都做什么工作？隔几天从培养皿中拿点儿出来接种到另一个培养皿里去，然后放进孵箱里。过几天再拿出来，检查免疫力，检查毒力。13年啊！就这么拿出来放进去。开始一点儿成功的迹象都没有，若干年都没有变化，杆菌的毒力没有减退。但他们却一直坚持做下去，最后做成了对预防结核病很有用的疫苗。卡介二氏的成功得益于坚忍不拔的好习惯。

◆发明卡介苗的两位法国科学家——艾伯特·卡尔梅特和卡米约·介兰

领先一步学科学系列

 与细菌作战

 拓展思考

1. 细菌会变异吗？
2. 细菌为什么要变异？
3. 你种过卡介苗吗？
4. 你知道卡介苗是谁发明的？

微观世界的精灵——细菌的基本知识

微生物界的猎豹——细菌的运动

在大草原上飞奔的猎豹往往会给人留下风驰电掣的深刻印象,这种世界上奔跑速度最快的动物时速可达110千米。在微小生命——细菌的世界中,许多成员在进化中也同动物一样获得了运动的能力,这种能力对于它们的重要性决不亚于运动对于动物的作用。虽然细菌的个头小,但它们的运动速度却相当惊人,许多细菌每秒前行数十微米,弯曲弧菌是自然界中运动速度最快的一种细菌,它每秒可向前游动100微米,不能小看这个数字,它相当

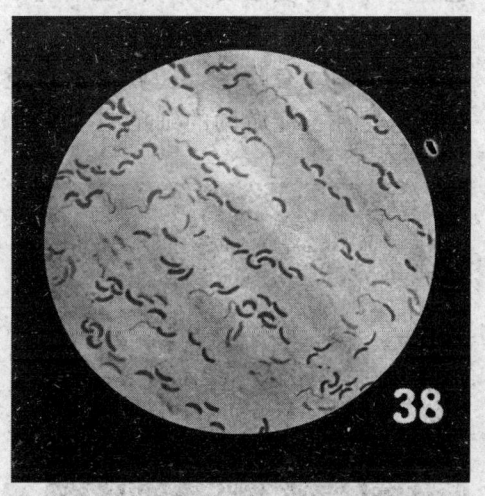

◆世界上"跑"得最快的生物——逗点弧菌

于细菌自身体长的50倍,而一个运动员每秒只能向前跑5.4倍体长的距离。即使猎豹的这个数值也只能达到25倍,从这个意义上讲,细菌算是世界上"跑"得最快的生物。

细菌的运动器官——鞭毛

细菌世界的成员众多,这也导致了它们的运动方式和机制上的许多差异,大部分能够运动的细菌都是依靠自身的运动器官——鞭毛的作用,鞭毛是一种呈波浪形的长长的蛋白丝状物,它附着于细菌的外表,一般长为15～20微米,是体长的数倍,鞭毛非常细,直径大约只有20纳米,

与细菌作战

在光学显微镜下根本看不见，只有通过特殊的染色使之加粗或者在电子显微镜下才能看清。鞭毛的功能相当于船的螺浆，在水中可以高速旋转从而推动菌体前行，因此，水体环境才是鞭毛细菌自由驰骋的天地。有趣的是，鞭毛主要生长在弧形和杆状的细菌身上，而球形的细菌几乎都没有鞭毛。这大概是由于它们肥胖的体形本身就不太适合运动，大自然干脆就不再让它浪费能量去生成什么鞭毛。不同细菌的鞭毛数量和排列也有差异，有的细菌满身都是鞭毛，有的细菌只有一根或一束鞭毛。在细菌的一生中，也并不是每个年龄阶段都有鞭毛，只有那些处于生长旺盛期的细菌才有鞭毛，随着生活环境的逐渐恶化，才失去鞭毛，成为那些老态龙钟不能游动的细菌。

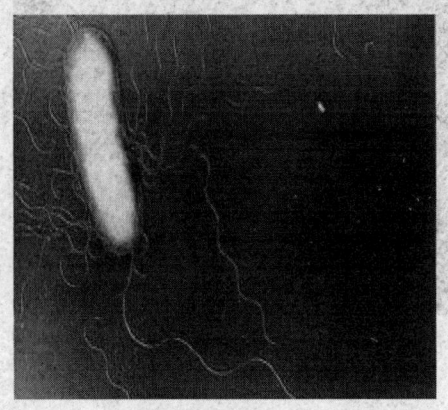
◆有的细菌具有多根鞭毛

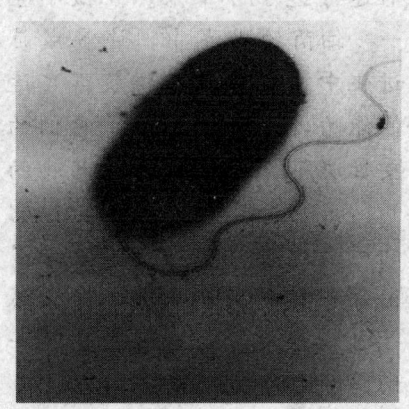
◆有的细菌只有一根鞭毛

广角镜——鞭毛：细菌的运动"马达"

鞭毛的旋转速度是非常快的，每秒旋转两百到一千多转，比一般的电动机要快得多，鞭毛的高速旋转是由其附着于菌体上的基体旋转带动的，基体实际上就是鞭毛的基部，它由一个中轴套上两个或四个环构成，镶嵌固定在细菌的体表（细胞膜和细胞壁）中，在科学家的眼中，基体简直就是一台精巧的纳米机械——分子马达，但这个马达并不是靠电流驱动，而是用伴随着细胞膜两侧质子

微观世界的精灵——细菌的基本知识

浓度梯度的消失产生的能量ATP来驱动，鞭毛马达还可以转向（从逆时针旋转变为顺时针旋转）从而使菌体发生翻滚进而改变细菌的运动方向。事实上，细菌在游动时也并不是单纯地一直朝前游，而是伴随着不时的随机翻滚转向，但表观上仍表现为细菌的前行。

不是所有的细菌都有鞭毛

鞭毛运动是细菌主要的一种运动形式，但是还有一些细菌并不用鞭毛运动，而且也根本找不到类似的运动器官，但它们可以在固体基质的表面滑动，它们有的沿着自身长轴旋转前进，有的似乎只有一面接触基质表面移动，这类细菌被称为滑行细菌。不

◆正是靠着这根鞭毛，细菌可以快速运动

> 细菌的布朗运动实际上就是水分子来回撞击细菌菌体而引起的细菌在一个固定位置被动的晃动。

过它们滑动的速度要比用鞭毛游动的速度慢得多，大约每秒向前移动3微米。至于这些细菌是如何滑动的，科学家们迄今也不是很清楚，但估计可能不止一种机制。细菌中的一些螺旋体（身体呈螺旋状）的运动方式也是很独特的，它们除了能在固体表面爬行或蠕动外，还能屈曲身体呈波浪形向前运动，它们能完成这种高难度的动作，完全靠缠绕在身上的轴丝作用。轴丝的化学成分非常类似于鞭毛，不过它们是缠绕在螺旋体身上，而不是披散在身体外。不同的螺旋体轴丝数目很不一致，有些螺旋体只有2根，而有些螺旋体则多达100根。一些湖泊中的水生光合细菌体内有几个到几百个蛋白质薄膜包裹的气囊，气囊的作用有点类似于鱼鳔，它可以通过充气或者放气调节菌体在水中的高度，使细菌能在最合适的水体深度进行光合作用。

与细菌作战

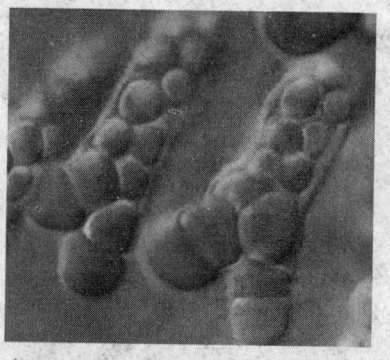
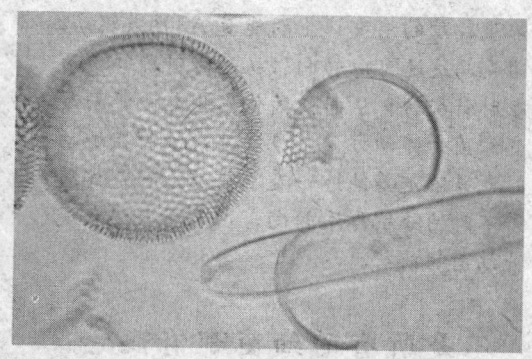

◆没有鞭毛的蓝细菌　　　　◆没有鞭毛的细菌

　　细菌的运动使这些微观生命生活的世界生机勃勃，同样洋溢着澎湃的生命活力，千姿百态的细菌以千奇百怪的姿势在这个世界遨游驰骋也无疑表现出大自然的神奇和瑰丽！

知识窗

布朗运动

　　在显微镜下观察细菌，许多没有鞭毛或者其他任何运动方式的细菌仍在漫无目的地来回晃动，但这不是细菌自身有意识的运动，而是布朗运动的结果，它很容易同细菌自主意识控制下的运动区分开，因为后者往往表现出一定的路线。

广角镜——细菌电机

　　细菌电机是利用细胞质膜上质子电势差作为能源的装置，可以肯定地说，细菌电机类似人类制造的直流电机。细菌电机工作起来非常有效率，细菌能以约25微米/秒的平均速度游动，但是有些种类细菌能以超过100微米/秒的速度游动。大肠埃希菌是纳米工艺学家的希望，它可以成为未来纳米生物机器人的制备"基础"。为了游动，它利用特殊的生物电机旋转自己的鞭毛，当鞭毛按逆时针开始同步旋转时，鞭毛会扭绞成一束，从而形成特殊的螺旋桨。螺旋桨旋转产生迫

微观世界的精灵——细菌的基本知识

使细菌几乎沿直线运动的力，此后鞭毛的旋转方向会变成相反方向，这时鞭毛束会散开，细菌会停下来，不是向前运动而是开始做不规则转动。

细菌运动时怎样"认路"的？

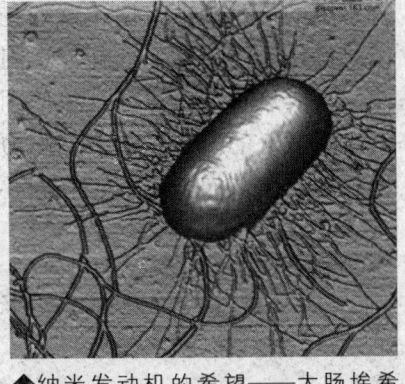

◆纳米发动机的希望——大肠埃希菌（这是电子显微镜下拍到的大肠埃希菌图片）

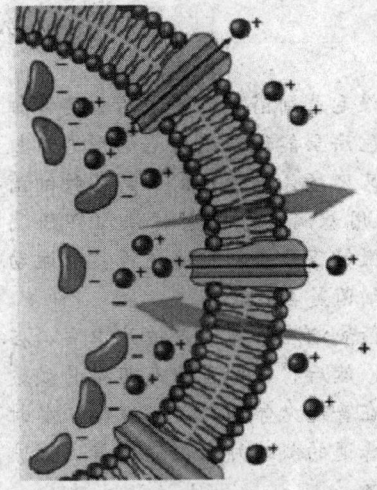

◆细菌根据细菌体内外的浓度不同来确定运动方向

细菌没有眼睛，它们在游动时不是通过视觉而是通过位于体表（细胞膜）的一些蛋白质成分的感受器随时感知周围环境的变化，当环境中某处有它们的营养物时，感受器会感知这种物质的浓度梯度，并通过体内的一些蛋白质迅速将指令传递给鞭毛基体，于是细菌大大减少随机翻滚频率并沿着物质浓度梯度向该物质浓度高的地带进发；同样的道理，如果细菌感觉到环境中对它有伤害的物质的浓度梯度，它们会远离这种物质。细菌的这种行为在微生物学中称为趋化性，趋化性不仅由营养物质浓度梯度引起，还可以由光强梯度、氧气浓度梯度等这些一切对微生物的生活产生影响的环境因素引起。

除了通过物质浓度梯度，自然界中有一些鞭毛细菌还能通过感知地球磁场来确定运动方向，这些细菌就是有趣的趋磁细菌，它们生活在海水或淡水水体中，其共同特点就是体内都含有成串的叫做磁小体的含氧或硫的磁性铁化合物，这也是它们感知地球磁场的物质基础。

◆小小细菌居然能感知地球磁场

 与 细 菌 作 战

有意思的是，地球上南半球的趋磁细菌总是往南方运动，北半球的趋磁细菌总是往北方运动，而在赤道附近则存在着向南北两个方向运动的趋磁细菌。其实这看似玄乎的现象原因非常简单，趋磁细菌生活的环境是不能含有过多氧气的，当它们沿着磁力线往南极或北极运动时，实际上就是远离地表的水体，向微氧或无氧的环境移动。

 实验——显微镜下观察细菌的运动

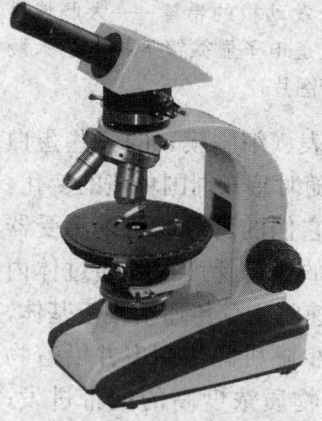

细菌是否具有鞭毛是细菌分类鉴定的重要特征之一。采用鞭毛染色法虽能观察到鞭毛的形态、数目，但此法既费时又麻烦。如果仅需了解某种细菌是否有鞭毛，可采用悬滴法或水封片法（即压滴法）直接在光学显微镜下检查活细菌是否具有运动能力，以此来判断细菌是否有鞭毛。

悬滴法就是将菌液滴在洁净的盖玻片中央，在其周边涂上凡士林，然后将它倒盖在有凹槽的载玻片中央，即可放置在普通光学显微镜下观察。水封片法是将菌液滴在普通的载玻片上，然后盖上盖玻片，置显微镜下观察。

◆观察细菌需要使用显微镜

 **拓展思考**

1. 细菌是怎样活动的？
2. 细菌的鞭毛起什么作用？
3. 细菌都有鞭毛，对吗？
4. 细菌在运动过程中是怎样认路的？

微观世界的精灵——细菌的基本知识

如何饲养小宠物
——细菌的培养

细菌培养是一种用人工方法使细菌生长繁殖的技术。细菌在自然界中分布极广，数量大，种类多。它可以造福人类，也可以成为致病的原因。大多数细菌可用人工方法培养，即将其接种于培养基上，使其生长繁殖。培养出来的细菌用于研究、鉴定和应用。细菌培养是一个复杂的技术。

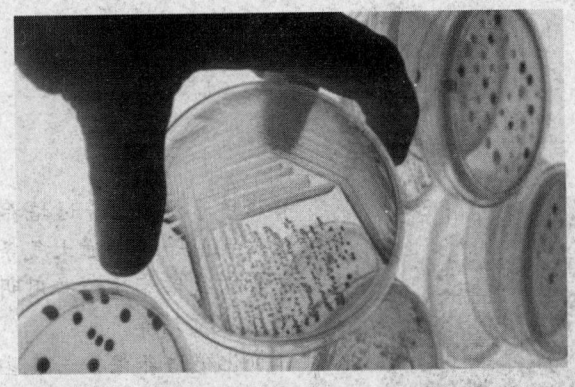

◆大小不一的细菌培养皿

细菌生长的温床——细菌培养基的制备

培养基是用人工方法将适合细菌生长繁殖的各种营养物配制而成的营养基质，以供细菌培养使用。一般培养基的主要成分为蛋白质、糖类、无机盐类、水分等。另外还有一些营养要求较高的细菌，还必须加入血液或血清、蛋清、维生素等其他营养物质。有时为了鉴别或抑制某些细菌，则可加入各种专用基质（如某种糖类、氨基酸等）、指示剂、染料等。由于对培养基的使用目的不同，故在培养基的选择上有所不同。按

"领先一步学科学"系列

与细菌作战

其物理性质可分为液体培养基、固体培养基、半固体培养基。培养基需加入小试管、中试管、三角瓶、平皿等内使用。培养基常用牛肉汤、蛋白胨、氯化钠、葡萄糖、血液等和某些细菌所需的特殊物质配制成液体、半固体、固体等。

一般细菌在有氧条件下，37℃中放20小时生长。厌氧菌则需在无氧环境中放2天后生长。如结核杆菌要培养一个月之久。

◆细菌培养也可使用三角瓶

链接：细菌的培养方法

普通培养法——普通培养法是指需氧菌或兼性厌氧菌等在普通大气条件下的培养方法，又称需氧培养法。若用明胶培养基培养细菌，应22℃培养。

二氧化碳培养法——某些细菌，如脑膜炎奈瑟菌、布鲁菌等在初分离时，需在5%～10%二氧化碳环境中才能良好生长。二氧化碳培养方法有以下几种：二氧化碳培养箱、烛缸法、化学法。

厌氧培养法——常用方法有厌氧罐法、气袋法和厌氧手套箱等。大多数厌氧菌的初代培养生长较慢，故厌氧培养在37℃的温度下至少应培养48小时。如疑为放线菌则应延长至72～96小时。

◆接种在培养皿里的细菌可以放在培养箱中培养

微观世界的精灵——细菌的基本知识

细菌的分离与接种

由于细菌感染而致病的各种标本及带菌者所需检查的各种标本，往往并非单一的细菌，而混有其他非致病菌（人体正常菌群）。因此当对此标本需做出细菌鉴定时，就必须从标本中分离出致病菌，称为细菌分离培养技术。另外，对已得到可疑病菌进行细菌鉴定及菌种保存等培养，称为纯培养接种技术。

◆划线法培养的细菌

平板划线接种法——本法为最常用的分离培养细菌的方法，通过平板划线后，可使细菌分散生长，形成单个菌落，有利于从含有多种细菌的标本中分离出目的菌。常用的平板划线接种法有以下几种。

分区划线法——此法多用于脓液、粪便等含菌量较多的标本的分离。其方法是首先将接种环灭菌后，蘸取标本均匀涂布于平板培养基边缘一小部分（第一区），将接种环火焰灭菌，待冷却后只通过第一区3～4次后连续划线（为第二区），依次可共划3～5区，每一区细菌数可逐渐减少，直到分离出单个菌落为止。

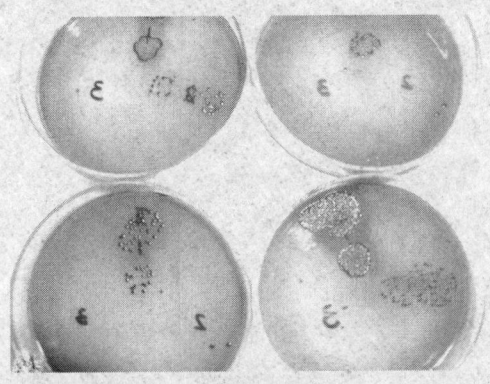
◆通过培养分离出的大肠埃希菌

平板培养基应表面干燥，这样表面既干燥有利于分离培养，又使培养基预温，对培养某些较娇弱的细菌有利。

连续划线法——该法多用于含菌数量较少的标本。其方法是首先将标

 与细菌作战

本均匀涂布于平板培养基边缘一小部分，然后由此开始，在培养基表面自左向右连续划线并逐渐向下移动，直到下边缘。

 拓展思考

1. 细菌培养需要什么条件？
2. 如何进行细菌分离？
3. 练习一下划线法分离细菌？
4. 划线法分离细菌的方法是什么？

微观世界的精灵——细菌的基本知识

矛与盾——细菌致病与人体免疫

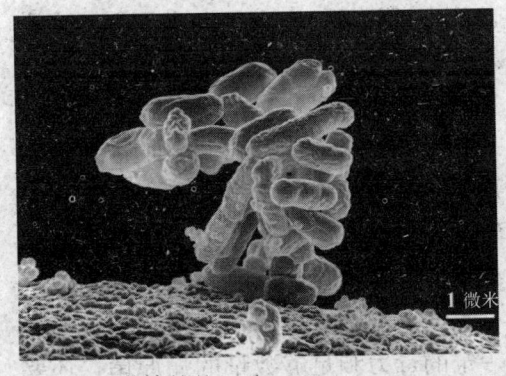

◆令人毛骨悚然的

细菌为什么会使人生病呢？是因为它们能产生致病物质，造成宿主感染。如果不产生致病物质，就是非病原菌。至于正常菌群，当与宿主处于生态平衡状态，它们并不引起机体的感染，故属于非病原菌范畴。但是，在特定条件下，因为菌群失调、宿主免疫功能低下或菌群寄居部位改变造成了生态失调状态，正常菌群也能引起感染，这样它们又变成病原

可怕的细菌致病

病原菌的致病性与其毒力强弱、侵入机体细菌数量多少、侵入部位是否合适密切相关。

构成侵袭力的物质基础：荚膜和微荚膜，如肺炎链球菌的荚膜、A群链球菌的M蛋白、伤寒杆菌的Vi抗原及大

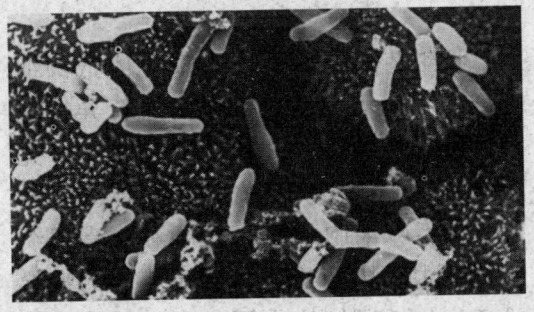

◆细菌可以产生黏附素，黏附在器官表面

肠埃希菌的K抗原，有抗吞噬和阻挠杀菌物质的作用，使病原菌得以在宿主体内大量繁殖；黏附素，是细菌表面存在的一些特殊结构和相关蛋白

与细菌作战

质,具有使细菌粘附到宿主靶细胞的作用;侵袭性物质,虽然一般不具有毒性,但可协助病原菌抗吞噬和向全身扩散。

> 侵袭力——指突破宿主皮肤、黏膜生理屏障等免疫防御机制,进入机体定居、繁殖和扩散的能力。

毒素——是细菌在粘附、定植及生长繁殖过程中合成并释放的多种对宿主细胞结构和功能有损害作用的毒性物质。毒素的种类依据毒素产生的来源、性质和作用的不同,分外毒素和内毒素两种。

细菌的侵入数量——细菌引起疾病,除需有一定的毒力外,尚需要有一定的数量。毒力愈强,致病所需菌量愈少;毒力愈低,致病所需菌量愈多。

细菌的侵入门户与感染途径——有一定的毒力和足够数量的病原菌,还要经过适当的侵入门户,到达一定的器官和组织细胞才能致病。若侵入门户不适宜,仍不能引起感染。

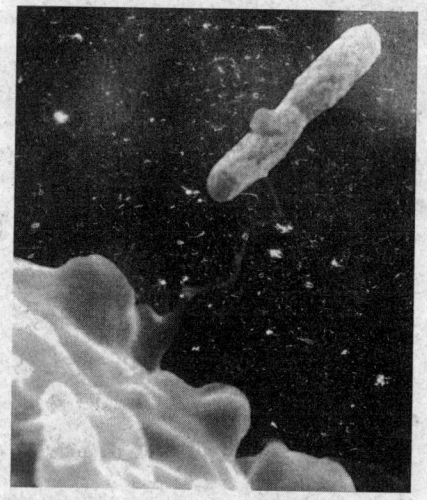

◆细菌可以牢牢地粘在黏膜表面

人体抵抗侵袭的屏障——免疫力

抗细菌感染的免疫是指机体抵御细菌感染的能力,是由机体的非特异性免疫和特异性免疫共同协调来完成的。先天具有的非特异性免疫包括机体的屏障结构、吞噬细胞的吞噬功能和正常组织及体液中的抗菌物质;后天获得的特异性免疫包括以抗体作用为中心的体液免疫和致敏淋巴细胞及其产生的淋巴因子为中心的细胞免疫。

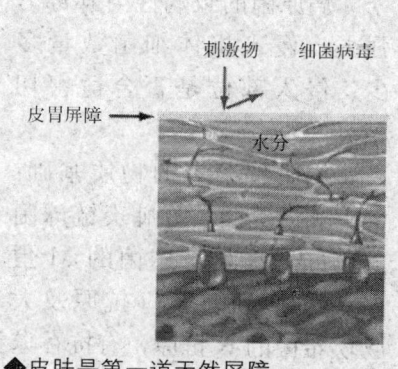

◆皮肤是第一道天然屏障

微观世界的精灵——细菌的基本知识

天然免疫

天然免疫是人类在长期的种系发育和进化过程中，逐渐建立起来的一系列防御致病菌等抗原的功能。其特点是：①作用范围比较广泛，不是针对某一特定致病菌，故也称非特异性免疫；②同种系不同个体都有，代代遗传，较为稳定；③个体出生时就具备，应答迅速，担负"第一道防线"的作用；④再次接触相同致病菌，其功能不会增减。天然免疫主要由组织屏障和某些免疫细胞、免疫分子等组成。

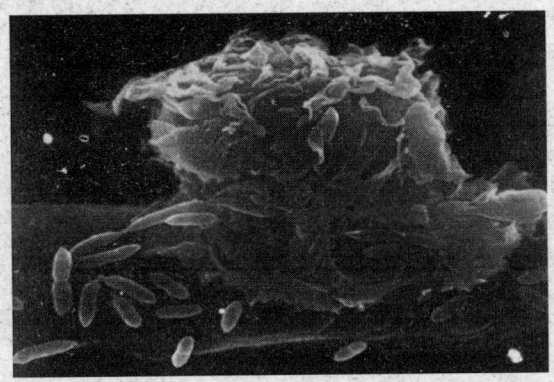

◆人体产生的免疫球蛋白抵抗细菌的侵犯

获得性免疫机制

获得性免疫是个体出生后，在生活过程中与致病菌及其毒性代谢产物等抗原分子接触后产生的一系列免疫防御功能。其特点是：①针对性强，只对引发免疫力的相同抗原有作用，对其他抗原无效，故也称特异性免疫；②再次接触相同抗原，其免疫强度可增加。

获得性免疫机制不能遗传给后代，需个体自身接触抗原后形成；因此产生获得性免疫需一定时间，一般是10~14天。

与细菌作战

 拓展思考

1. 细菌致病的条件是什么?
2. 人体如何抵抗细菌的侵犯?
3. 人体的免疫分哪几类?
4. 什么是获得性免疫?

微观世界的精灵——细菌的基本知识

比河豚更厉害——细菌的毒素

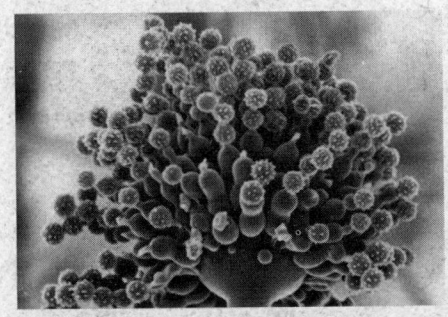

◆产毒素的黄曲霉菌孢子头

中毒，是我们经常遇到的事情。除了某些无机化合物如氰化钾、砒霜以外，大部分都是来自生物毒素，而微生物毒素是最常见的。例如食物中毒绝大部分是细菌毒素或真菌毒素引起的。当前，作为病原菌致病的主要因素，以及作为癌症的重要诱发因子，细菌和真菌毒素的研究和在食品中的监控，受到高度重视。

生活中处处都可遇毒素

霍乱弧菌、痢疾杆菌和大肠埃希菌能产生分泌到菌体外的肠毒素，引起患者腹泻；鼠疫杆菌分泌的鼠疫毒素作用于全身血管及淋巴使其出血和坏死；还有些细菌产生不分泌到菌体外的毒素，例如沙门菌。当我们不小心弄破了手足且伤口比较深时，或者被锈铁钉扎到肉中，必须到医院去注射预防针，预防由破伤风梭菌引起的破伤风。破伤风梭菌是一种不喜欢氧气的厌氧菌，它在氧气较少的深部伤口中繁殖，并产生一种能致人于死地的毒素。还有一种厌氧芽孢梭菌——内毒梭菌，其芽孢会产生一种已知对人类最厉

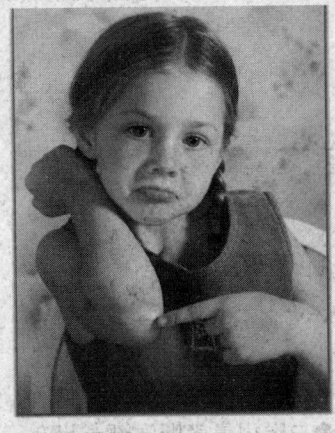

◆如果被锈铁钉划伤，需要注射破伤风疫苗

 与细菌作战

害的毒素——内毒素（0.1微克就足以致人死命），内毒梭菌芽孢并不在宿主体内繁殖，而是在厌氧环境中如在罐头里腌制的鱼和肉类中繁殖并产生毒素。不过现代先进有效的食品保藏方法使肉毒中毒症变得很少见了。

广角镜——并不是所有毒素都是"坏蛋"

毒素有其消极的一面，是人类安全的大敌，但是，以毒攻毒，自古有之。在了解了毒素的结构与功能以及作用机制后，人类开始用毒素来作为有效药物。最明显的例子是肉毒毒素的临床应用。1980年，Scott首次将肉毒毒素注射入人眼肌，治疗斜视，代替了以前的手术治疗，成功纠正了眼位，开始了将其用于治疗人类疾病的探索。1989年，美国食品药品局批准A型肉毒毒素作为新药投产，用以治疗12岁以上人群的肌肉紊乱性斜视、偏侧面肌痉挛和眼睑痉挛，还可用于许多其他肌张力障碍和运动失调等疾病的实验性治疗。1993年我国同类产品问世，在国内开辟了一个新的毒素应用领域。

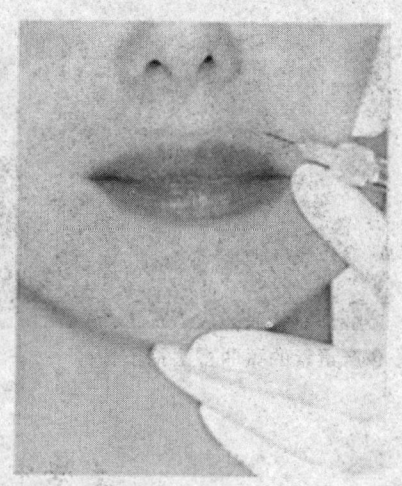
◆肉毒素可用于治疗疾病

毒素发现与诺贝尔奖

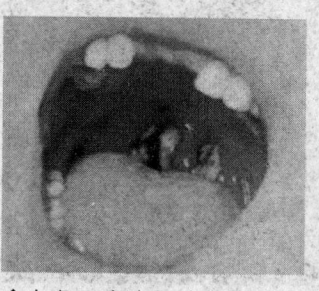
◆白喉因患者咽喉部长出灰白色膜而命名

在古代，中毒事件频频发生，历史记载很多。例如我国传说中的神农尝百草，一日遇七十毒的故事。公元前600年中亚的亚述人在画像砖上也曾记载食用裸麦发生麦角中毒的事件。

不过，当时并不了解毒素来自何方，更不清楚是些什么物质。人类在实践过程中对有毒动植物，从感性认识提高到理性认识经历了漫长的时间。对微生物毒素的科学研究开始于19

微观世界的精灵——细菌的基本知识

世纪后期。人类发现的第一种细菌毒素是白喉毒素。当时，白喉是一种严重危害人类健康的传染病，患者咽喉部长出灰白色膜，致使呼吸困难和心肌炎而死亡。1883年开始，科学家相继分离出白喉毒素。后来德国细菌学家科赫的学生在研究霍乱弧菌感染的发病机制时，发现该菌可产生两种具有不同性质的毒性物质，一种为由活菌合成并释放出来，对热敏感的蛋白质成分即外毒素；另一种为对热抵抗，并且只有当细菌崩解后才能释放出来的非蛋白质成分，他将后一种毒性物质称为内毒素。

◆埃米尔·阿道夫·冯·贝林是一位德国医学家、细菌学家和血清学家。他因研究了白喉的血清疗法而获得1901年首届诺贝尔生理学或医学奖

第二次世界大战时开始从分子水平研究毒素的生化作用，发现产气荚膜梭菌毒素是一种磷脂酶。20世纪50年代以后，在美、英、法、日等国形成了专门从事细菌毒素研究的小组。发现炭疽毒素由3个不同部分组成，接着，英、美和法国等学者对炭疽毒素开展了多方面的研究。1959年证实霍乱的致病因子是不耐热肠毒素，17年后，分离和提纯出了霍乱肠毒素，证实霍乱毒素的分子组成，从此许多对人畜致病的重要毒素相继分离出来。

知识窗

研究热点——毒素

随着弄清细菌致病性和传染病病原，继白喉毒素后又发现了许多种毒素，现在发现的细菌毒素有200多种。20世纪70年代以后，生物合成、免疫学、细胞和分子生物学等方面的大量科学家被吸引到毒素研究方面来，不仅微生物毒素研究取得了重大成就，也对现代生物学做出了重要贡献。

"领先一步学科学"系列

与细菌作战

 小资料：抗生素对内毒素无用

◆吃了抗生素让我更严重了

20世纪40年代青霉素刚问世的时候，医生发现青霉素对脑膜炎奈瑟菌引起的流行性脑膜炎疗效非常显著。因此，凡发现这类患者，一律首选青霉素进行治疗。结果发生了意外，用大剂量青霉素治疗重症脑膜炎患者时，不少发生了内毒素休克而死亡。后来经过研究分析，发现了其中的原委。病情严重的患者，体内存在的病原菌数量多，医生采用大剂量"轰炸"，意欲"一举歼敌"。但有些医生忽略了另一方面，即流行性脑膜炎的病原菌是属革兰阴性菌的脑膜炎奈瑟菌，其致病物质是内毒素，而内毒素是要在病菌死亡后再放出的。如用大剂量青霉素一下子将全部病菌杀死，也就是使大量内毒素一次放出，促成了内毒素休克，加速了患者的死亡。随着医学的进步，现在医生遇到这类患者，一方面仍然要用大剂量的有效抗菌药物去对付，同时要加用激素类药物，以保护对内毒素敏感的细胞不对内毒素诱生的细胞因子发生反应，从而度过"休克"难关。犹如外科手术时，采用麻醉药使患者丧失痛觉一样。

细菌的内毒素与外毒素

细菌产生的毒素主要分为内毒素和外毒素，以及其他毒性蛋白和酶。

外毒素——是细菌生长繁殖过程中合成并分泌到菌体外的毒性物质。外毒素主要由革兰阳性菌产生，但少数革兰阴性菌也能产生。外毒素的毒性较强，大多为多肽，不同细菌产生的外毒素，对组织细胞有高度选择性，并能引起特殊的病变和症

◆消毒就是为了杀灭器具表面的细菌和毒素

微观世界的精灵——细菌的基本知识

状。外毒素的化学性质为蛋白质，不耐热，易被热（56℃～60℃，20分钟至2小时）破坏，性质不稳定。外毒素具有特异的组织亲和性，选择性作用于靶组织，而引起特异性的症状和体征。外毒素具有良好的抗原性，在0.3％～0.4％甲醛溶液作用下，经过一定时间可使其脱毒，而仍保留外毒素的免疫原性，称类毒素。类毒素可刺激机体产生具有中和外毒素作用的抗毒素。

内毒素——是许多革兰阴性菌的细胞壁结构成分（脂多糖），只有当细菌死亡、破裂、菌体自溶，或用人工方法裂解细菌才释放出来。各种细菌内毒素成分基本相同，是由脂质A、非特异核心多糖和菌体特异性多糖（O特异性多糖）三部分组成。

内毒素的性质稳定、耐热，需加热至160℃经2～4小时，或用强酸、强碱或强氧化剂加温煮沸30分钟才灭活。内毒素抗原性弱，不能用甲醛脱毒制成类毒素。内毒素的毒性作用较弱，对组织细胞无严格的选择性毒害作用，引起的病理变化和临床症状大致相同。

◆不易被高温杀死的内毒素就是引起食物中毒的原因

 讲解——毒素进入体内，会引起哪些反应？

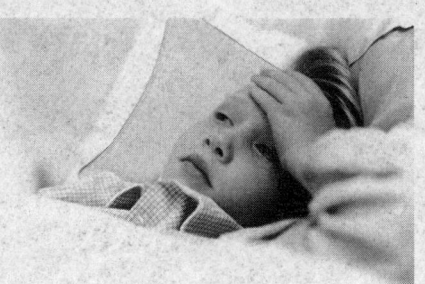

◆最常见的毒素反应是发热

发热反应。人体对细菌内毒素极为敏感。极微量内毒素就能引起体温上升，发热反应持续约4小时后逐渐消退。

白细胞反应。细菌内毒素进入宿主体内以后，血液中占白细胞总数60％～70％的中性粒细胞数量迅速减少，这是因为细胞发生移动并粘附到组织毛细血管上了。

内毒素血症与内毒素休克。当病灶或血流中革兰阴性病原菌大量死亡，释放出

 与细菌作战

来的大量内毒素进入血液时，可发生内毒素血症。作用于小血管造成功能紊乱而导致微循环障碍，临床表现为微循环衰竭、低血压、缺氧、酸中毒等，于是导致患者休克，这种病理反应叫做内毒素休克。

 拓展思考

1. 细菌毒素有益还是有害？
2. 细菌毒素分哪几类？
3. 细菌内毒素感染能用抗生素治疗吗？
4. 毒素进入体内，人体会发生哪些变化？

微观世界的精灵——细菌的基本知识

在沙漠里找出一样的沙——细菌的分离

在自然界中,各种微生物之间并不是离群索居,彼此老死不相往来的。在任何天然环境中,都有多种微生物共同生活。我们要了解某种微生物对于人类有害还是有益,或者目前与人类还没有什么特别密切的关系,就必须单独把这种微生物分离出来研究。这就是在无菌技术的基础上微生物学的另一项基本技术——纯种分离技术。

第一个分离出细菌的人——李斯特

要从含有成亿个细胞、成百个种类微生物的样品中分离出某种微生物,并不是容易的事。第一个成功地分离出纯种细菌的,是在手术中采用消毒剂的医生李斯特。关键在于他发明了一种可以取出数量小到 0.00062 毫升牛奶的微量注射器。因为这样才可能使样品中的微生物尽可能少。他用不含任何微生物的水稀释极少量的牛奶,再把稀释的牛奶分装在几个灭过菌的酒杯中,成功地分离出至今还在制造酸奶中采用的乳酸链球菌。这种方法经过 100 多年的改进,现在仍然是分离纯种微生物的一种常用方法,叫做系列稀释法。

◆分离了细菌并且发明了消毒术的英国医生李斯特

讲解——实验室分离纯化的微生物和自然界的微生物一样吗?

不过,我们在实验室中分离纯化的微生物是否与自然界实际存在的完全一致

与细菌作战

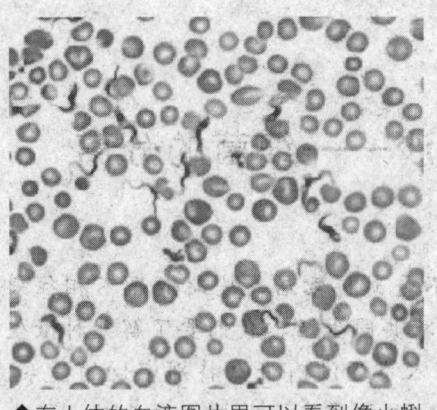
◆在人体的血液图片里可以看到像小蝌蚪一样的伤寒杆菌

呢？这是个问题。已故的荷兰卓越微生物学家克鲁维早就指出，所有的细菌培养物均是实验室的人工产物，为了适应实验室的生长条件，这些微生物的特性已经起了变化。一个简单的例子是引起伤寒的细菌——伤寒杆菌，当刚从伤寒病患者体内分离出来时，常常需要向培养基中补加一种氨基酸促进它们生长。但在实验室中培养几次后，它们容易丧失此种特性，即变得能够自己制造这种氨基酸了。当用该菌株去感染实验动物并再度分离它时，它又恢复了需要氨基酸的这一特性。微生物具有惊人的适应性，由此可见一斑。所以我们必须牢记，不要把实验室中微生物材料的表现完全等同它们在自然环境中的情况。

现代微生物学奠基人——科赫

李斯特的方法毕竟太麻烦了。比李斯特早几年，有位科学家把要分离的样品用灭菌后的水稀释后放在煮熟的马铃薯片上，在温暖的地方培养几天后，马铃薯上长出星星点点的五颜六色的菌落。当时这位科学家认为至少有一部分菌落是由一个细胞繁殖形成的，如果重复几次，就可以分离到纯培养物。不过，真正解决问题的纯种分离方法，是著名的德国医生、伟大的微生物学奠基人之一——科赫和他的研究小组建立起来的。科赫在明胶中加上一些营养物质（例如肉汤），加热融化后倒在一片灭过菌的玻璃片上，待其凝固后，用在火焰

◆现代微生物学奠基人——科赫

微观世界的精灵——细菌的基本知识

上烧红过，因而烧死了全部原来附着的微生物的白金丝蘸上一点要分离的样品（因为白金丝烧红后很快便会冷却，立即用来蘸样品时也不会烧死样品中我们需要分离的微生物。现在我们用电炉丝代替，价格便宜多了，这就是我们今天常见的接种针），在凝固的明胶上轻轻划动，使样品中的很少量微生物沾在明胶上，然后用玻璃罩盖上玻璃片，以防空气中的杂菌落下污染。几天后，明胶板上便长出一个个彼此分开的菌落。这种方法叫做划线分离

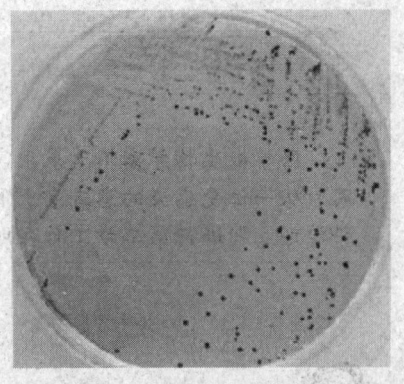

◆科赫助手发明的琼脂培养基至今还在使用

法。由于明胶是透明的，所以很容易观察。但是，明胶在20℃左右会融化，在一般细菌生长需要的37℃下不能成为固体，菌落便不可能形成。科赫的助手黑塞在他妻子的提示下，发现用洋菜（学名叫琼脂，一种做果酱的植物胶）代替明胶，可以克服明胶在37℃会融化的缺点；另一位助手又设计了一种圆形的有边的，可以对着盖起来的培养器具，使得融化的洋菜或明胶不会随便乱流，又可以避免污染杂菌，这就是每个微生物学工作者都非常熟悉的培养皿。从19世纪80年代起，这些分离微生物的特殊用具，成了微生物学实验室必备的特征性物品，至今依旧。

  马上我们会提出一个疑点：这些在马铃薯片或琼脂上长出的菌落真是由一个微生物细胞繁殖来的吗？可能不是。为了排除这个疑点，当时人们采用反复多次，并仔细用显微镜检查的办法。后来，有人发明了可以在显微镜下用极细的玻璃丝挑取单个细胞的工具——单细胞分离器，纯种分离的技术便成熟了。长期实践的经验告诉我们，尽管不用单细胞分离器有一定风险，但是用稀释法或划线分离法，在适当重复操作后，在很大程度上可以达到纯种分离的目的。

  根据同样的原理，我们如果想得到具有某种特定功能的微生物，首先可以用选择培养基来进行富集。如果我们想得到能够分解橡胶或塑料的微生物，就可以在培养基中加进橡胶或塑料。虽然我们在自然界中可以见到一些对简单的富集技术无动于衷的微生物，但一般来说，富集培养是寻求微生物纯培养的第一步。

 与 细 菌 作 战

 想一想一议

富集培养物

医学微生物学家不太采用富集培养方法,这是为什么呢?原因很简单,因为从一位受感染的患者身上取得的样品就是一份富集培养物,因此医学科学可立即进行第二步工作,即从富集了的微生物中把纯菌株分离出来。

 拓 展 思 考

1. 谁最先分离出了细菌?
2. 科赫对微生物学的贡献是什么?
3. 现在我们在哪里培养细菌?
4. 实验室培养出来的细菌和自然界一样吗?

微观世界的精灵——细菌的基本知识

怎样消灭它——杀菌的方法

外科手术中一定要采取严格的消毒和灭菌措施，这是19世纪末才确立的。19世纪以前，外科医生做手术既不麻醉也不消毒。可想而知，患者在术中遭受多大的痛苦与折磨，甚至在手术中和术后细菌感染导致的并发症亦可危及生命。为减轻患者疼痛，当时医生们做手术非常注意速度，如大腿截肢术或膀胱结石术只需两三分钟就完成了。速度快了，手术难免粗糙，留下后患。

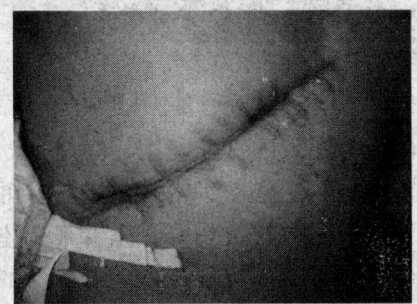

◆如果没有消毒技术，术后切口极容易感染

消毒剂的发明

◆约瑟夫·李斯特——消毒技术发明人

在李利斯特提倡采用消毒剂之前，患者接受外科手术是极其冒险的事，经常发生患者因手术伤口感染而死亡的情况。

约瑟夫·李利斯特1827年出生于英国一个教授之家，从小就立志做一名外科医生。在伦敦上大学时，看到许多患者虽然手术成功，但伤口不易愈合并常有患者死亡，李利斯特下决心一定要找出原因。毕业后，他陆续在几家大医院行医，留心观察患者伤口愈合情况，他发现那些虽然骨头断裂而皮肤完整的患者一般都能痊愈，患者死亡一般是伤口腐烂后发生的。他估

『领先一步学科学』系列

63

与细菌作战

◆用于手术中消毒的石炭酸喷雾器

计这一定是来自空气的污染。1865年，在得知法国科学家路易斯·巴斯德的成果之后，他认为灭菌可能是解决问题的关键。李利斯特深信，保护伤口不使细菌侵入，将大有益于伤口的愈合。

李利斯特决定用石炭酸试试。石炭酸是煤焦油的产品，几年前才由曼彻斯特的一位化学家提炼出来。碳酸有强烈的气味，用作防腐剂。当时有一名11岁男孩被马车压伤了腿，李利斯特为他动手术。他用石炭酸洗手，洗器械，喷空气和伤口，用浸过石炭酸的纱布敷伤口。患者很快痊愈了。李利斯特的实践证明了灭菌的重要意义。灭菌法很快得到了广泛的应用。后来，李利斯特发现石炭酸酸性太强，易灼伤患者的肌肤，他发现用高温可以杀菌。于是他在沸水或火焰上对医疗器械进行消毒。

讲解——酒精消毒技术

医生在给患者注射药液之前，总要用浸透酒精的药棉在患者的皮肤上擦几下，这是为了杀菌消毒。酒精是一种有机化合物，学名叫乙醇。酒精的分子具有很大的渗透能力，它能穿过细菌表面的膜，进入细菌的内部，使得构成细菌生命基础的蛋白质凝固，将细菌杀死。人们经过反复试验，知道浓度为75％的酒精杀菌力最强，所以医用消毒酒精一般都是含75％的酒精。

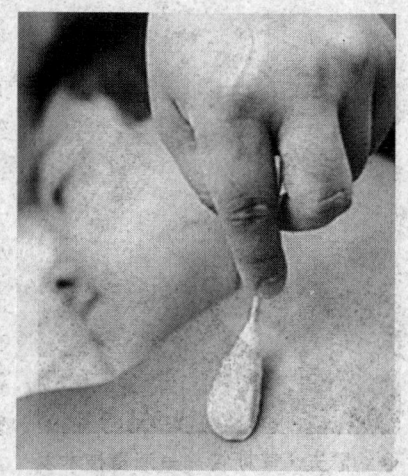

◆用酒精消一下毒

微观世界的精灵——细菌的基本知识

多样的消毒方法

此后，世界许多医学科学家研究出用于手术器械、衣物、敷料、手术室、手术医护人员洗手、患者皮肤消毒的多种灭菌方法。如加热、化学消毒剂、紫外线照射、伽马射线照射、超声波灭菌法等。

紫外线照射

手术室空间存在飞沫和尘埃，可常有致病菌。为了预防手术创面受沾染，必须尽可能净化手术室空间。为此一般所采取的措施是尽量限制进入手术的人员数；手术室的工作人员必须按规定更换着装和戴口罩；患者的衣物不得带入手术室；用湿法清除室内墙地和物品的尘埃等。目前常用的空间消毒法是紫外线照射。

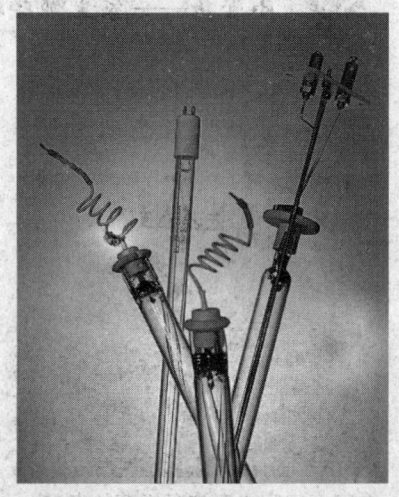

◆用于消毒的紫外线灯管

高温高压消毒

高温高压灭菌法是利用高压释放的潜热进行灭菌，为目前可靠而有效的灭菌方法。其原理将蒸汽输入密闭蒸汽锅内，在高温高压下维持30分钟即能把所有微生物，包括具有顽强抵抗力的细菌杀死，从而达到灭菌目的。

消毒液浸泡灭菌法

将被消毒物品完全淹没浸泡在消毒液中，浸泡时间的长短根据物品和消毒液的性质、浓度来决定。如用70%酒精浸泡剪刀等器械。

◆把手术器具放入消毒柜中消毒

灭菌法诞生以后，外科手术的范围变得十分广阔，从白内障摘除到心

与细菌作战

脏移植，不仅挽救了许多人的生命，患者的痛苦也大为减轻。

 小资料——家里哪些地方有细菌和病毒？

◆家庭其实也有许多细菌的存在

瓜果蔬菜和食品的表面有大肠埃希菌、痢疾杆菌、沙门菌、黑曲霉菌、青霉菌等。

厨房刀具、菜板和餐饮用具有大肠埃希菌、沙门菌、肝炎病毒、真菌、痢疾杆菌等。

家用电器如饮水机和冰箱内壁、空调过滤网等家电长时间使用，会被胃肠道病毒、腺病毒、沙门菌、结核杆菌、肝炎病毒、大肠埃希菌等污染。

室内空气含有结核杆菌、溶血性链球菌、肺炎双球菌、芽孢杆菌等病菌。

人的衣物、皮肤等表面有表皮葡萄球菌、金黄色葡萄球菌、疮疱丙酸杆菌、类白喉棒状杆菌等病菌。

家庭常用消毒小妙招

煮沸消毒法

适用于毛巾等棉布类、某些儿童玩具、食具等。煮沸能使细菌的蛋白质凝固变性，一般需15~20分钟即可，同时沸水水面一定要漫过所煮的物品。此法既简便又安全。

◆洗洗更健康

冲洗浸泡消毒法

要经常用流动水和肥皂洗手，特别是在饭前、便后、接触污染物品后。对于不适于高温煮沸的物品可用0.5%过氧乙酸浸泡0.5~1小时，或用5%漂白粉上清液（漂白粉沉淀后，上面的清水）

微观世界的精灵——细菌的基本知识

浸泡30~60分钟，也可用含有效氯500毫克/升的洗清剂浸泡5~10分钟，取出后清水冲净。浸泡时消毒物品应完全被浸没。一些化纤织物、绸缎等只能采用化学浸泡消毒方法。

食醋消毒法

食醋中含有醋酸等多种成分，具有一定的杀菌能力，可用作家庭室内空气消毒。10平方米左右的房间，可用食醋100~150克，加水2倍，放瓷碗内用文火慢蒸30分钟，熏蒸时要关闭门窗。

◆多功能熏醋器

漂白粉消毒法

漂白粉能使细菌体内的酶失去活性，使其死亡。桌、椅、床、地面等，可用1%~3%的漂白粉上清液擦拭消毒。

酒精消毒法

酒精能使细菌的蛋白质变性凝固，常用75%酒精消毒皮肤，或将食具浸泡30分钟消毒等。

◆家里要备有小药箱

日光消毒法

日光含有紫外线和红外线，照射3~6小时能达到一般消毒的要求。被褥、衣服等都可以放到阳光下暴晒。

空气消毒法

室内空气要保持清新，可经常

还需注意掌握消毒药剂的浓度与时间要求，因为各种病原体对消毒方法抵抗力不同，要根据具体情况合理选用。

"领先一步学科学"系列

67

 与细菌作战

开窗通风换气，尤其在冬季更要注意。每次开窗10～30分钟，可减少室内病菌浓度。

药剂消毒法

通过浸泡、清洗、喷洒等方式清除杀灭病原体微生物。药剂消毒有杀菌彻底、速度快、使用方便等特点，是家庭生活中最常用的消毒方法之一。

 广角镜——正确处理伤口的几个简便方法

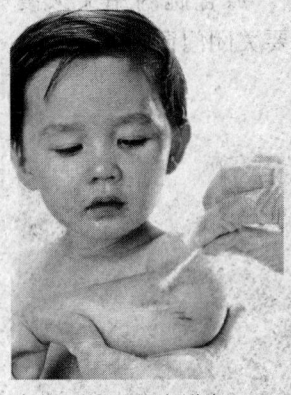

◆伤口处理很有讲究

清洁伤口用碘伏消毒，刺激小，效果好；对于清洁新生肉芽创面，还可加用凡士林油纱覆盖以减轻换药时患者的痛苦，并减少组织液渗出。

血供丰富、感染机会小的伤口可用生理盐水简单湿润一下，无菌辅料包扎即可。

对于有皮肤缺损的伤口，缺损区用盐水反复冲洗，周围可用碘伏常规消毒，消毒后，用盐水纱布或凡士林纱布覆盖，盐水纱布有利于保持创面的新鲜、干燥，凡士林纱布有利于创面的肉芽生长。

感染或污染伤口原则是引流排脓，必要时拆开缝线，扩大伤口，彻底引流，伤口内用双氧水和生理盐水反复冲洗，有坏死组织的应给予清创，也可以用抗生素纱布填塞伤口内，伤口的周围最好用碘伏两遍酒精三遍脱碘消毒。当然感染伤口换药要做到每天一换。

 拓展思考

1. 外科手术前为什么要消毒？
2. 目前常用的消毒方法有哪些，原理是什么？
3. 酒精消毒的成分是什么？为什么可以起到消毒作用？
4. 谈一谈消毒技术对外科手术的影响。

死神的助手

——致病细菌

一提到细菌,人们很容易就联想到发热、发炎、腐烂、流脓等可怕的情景,一旦遇到细菌感染引起的小毛病就动用威力强大的抗生素来一番"重炮猛轰",必欲除之而后快,其实这种做法不但无益反而有害。发现疾病首先要找到病原,才能对症下药,药到病除。在这一节里,将向你讲述细菌感染人体常见的疾病,为你揭开细菌致病的神秘面纱。

死神的助手——致病细菌

鼠疫祸首——鼠疫杆菌

鼠疫，一个可怕的词语，人们一度谈鼠色变。可怕之处或许在于它的高病死率和易传播率。它的病死率达到了30%～100%，其中肺鼠疫的病死率和传播性最高，最快在4小时内就能让人毙命。在古代，由于科技水平落后，许多村庄因为一人得了鼠疫而全村的人跟着死去。鼠疫可通过哪些途径传播？鼠疫的传染源有哪些？防鼠疫无须"见鼠色变"，防治有道，下面详细介绍。

鼠疫杆菌长什么样子？

鼠疫杆菌属耶尔森菌属。为革兰染色阴性短小杆菌，长1～1.5微米，宽0.5～0.7微米，两端染色较深。无鞭毛，不能活动，不形成芽孢。在动物体内和早期培养中有荚膜。可在变通培养基上生长。在陈旧培养基及化脓病灶中呈多形性。

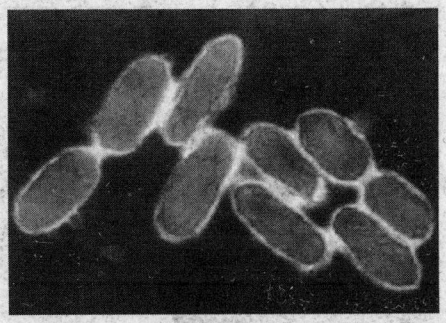

◆鼠疫杆菌呈卵圆形

鼠疫杆菌产生两种毒素，一为鼠毒素或外毒素（毒性蛋白质），对小鼠和大鼠有很强毒性，另一为内毒素（脂多糖），较其他革兰阴性菌内毒素毒性强，能引起发热、组织器官内溶血、中毒休克、局部及全身施瓦茨曼反应。

周围人群应在鼠疫疫苗接种10天后方可进入疫区。一般接种后10天产生抗体，免疫期1年，每年需加强接种一次。

鼠疫杆菌在低温及有机体内生存

"领先一步学科学"系列

与细菌作战

◆灭鼠可以切断传染源

时间较长,在脓痰中存活 10～20 天,尸体内可活数周至数月,蚤粪中能存活 1 个月以上;对光、热、干燥及一般消毒剂均敏感。

鼠疫虽然凶险,但它是一种可用特效药治愈的疾病。常用药物包括链霉素、庆大霉素、四环素和氯霉素等。临床实践表明链霉素对鼠疫有很好的治疗效果,治愈率达到 97%～100%,目前国内外都把链霉素作为治疗鼠疫的首选药物。近年来有医生用头孢类抗生素治疗鼠疫也取得很好疗效。

预防鼠疫应采取综合措施。灭鼠灭蚤,预防动物间鼠疫,严格隔离鼠疫病例。进入疫区的人员必须穿防护服,戴面罩、防护镜和手套。

知识库——鼠疫杆菌的发现

◆法国细菌学家——耶尔森

1894 年香港出现大规模鼠疫暴发流行。作为巴斯德研究所代表的法国细菌学家耶尔森于 1894 年 6 月前往香港调查鼠疫的病因。最终他在患者坏死淋巴结里分离出一种杆菌。将此细菌注射到大鼠体内可诱发出类似鼠疫的症状。不久,他证实此细菌可从一只鼠传染到另一只鼠的身上。医学界为了纪念耶尔森的功绩,将此病原体称为鼠疫耶尔森菌。

死神的助手——致病细菌

鼠疫是如何传播的？

传染源

鼠疫为典型的自然疫源性疾病，在人间流行前，一般先在鼠间流行。鼠间鼠疫传染源（储存宿主）有野鼠、地鼠、狐、狼、猫、豹等，其中黄鼠属和旱獭属最重要。家鼠中的黄胸鼠、褐家鼠和黑家鼠是人间鼠疫重要传染源。当每公顷地区发现1~1.5只以上的鼠疫死鼠，该地区又有居民点的话，此地暴发人间鼠疫的危险极高。各型患者均可成为传染源，因肺鼠疫可通过飞沫传播，故鼠疫传染源以肺鼠疫最为重要。败血性鼠疫早期的血液有传染性。腺鼠疫仅在脓肿破溃后或被蚤吸血时才起传染源的作用。三种鼠疫类型可相互发展为对方型。

◆老鼠是鼠疫的传播者

传播途径

动物和人间鼠疫的传播主要以鼠蚤为媒介。当鼠蚤吸取含病菌的鼠血后，细菌在蚤胃大量繁殖，形成菌栓堵塞前胃，当蚤再吸入血时，病菌随吸进之血反吐，注入动物或人体内。蚤粪也含有鼠疫杆菌，可因搔痒进入皮内。此种"鼠→蚤→人"的传播方式是鼠疫的主要传播方式。

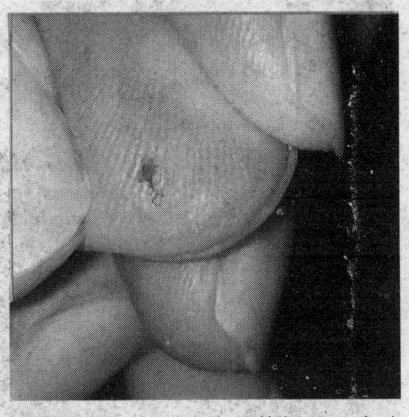

◆被带菌的老鼠咬伤是传播的一个途径

人群对鼠疫普遍易感，无性别年龄差别。病后可获持久免疫力。预防接种可获一定免疫力。

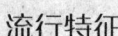 与细菌作战

流行特征

世界各地存在许多鼠疫自然疫源地，野鼠鼠疫长期持续存在。人间鼠疫多由野鼠传至家鼠，由家鼠传染于人引起。偶然因为狩猎（捕捉旱獭）、考查、施工、军事活动进入疫区而被感染。本病多由疫区藉交通工具向外传播，形成外源性鼠疫，引起流行、大流行。季节性与鼠类活动和鼠蚤繁殖情况有关。人间鼠疫多在6～9月。肺鼠疫多在10月以后流行。隐性感染在疫区已发现有无症状的咽部携带者。

> 直接接触患者的痰液、脓液或破损皮肤或黏膜受染。肺鼠疫患者可借飞沫传播，造成人间肺鼠疫大流行。

 讲解——鼠疫杆菌如何致病？

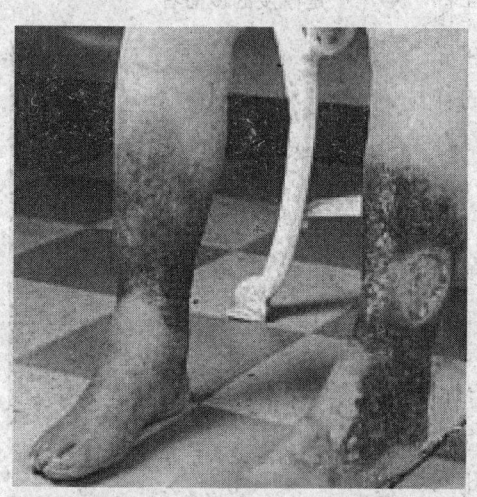

◆感染鼠疫引起皮肤广泛出血、瘀斑、紫绀、坏死，死后尸体呈紫黑色，俗称"黑死病"。

鼠疫杆菌侵入皮肤后，先在局部繁殖，随后经淋巴管至局部淋巴结繁殖，引起原发性淋巴结炎（腺鼠疫）。淋巴结里大量繁殖的病菌及毒素入血，引起全身感染、败血症和严重中毒症状。脾、肝、肺、中枢神经系统等均可受累。病菌播及肺部，发生继发性肺鼠疫。病菌如直接经呼吸道吸入，则病菌先在局部淋巴组织繁殖。继而播及肺部，引起原发性肺鼠疫。

在原发性肺鼠疫基础上，病菌侵入血流，又形成败血症，称继发性败血型鼠疫。少数感染极严重者，病菌迅速直接入血，并在其中繁殖，称原发性败血型鼠疫，病死率极高。

死神的助手——致病细菌

鼠疫的三次大流行

在人类历史上，世界各地曾多次发生鼠疫大流行，死亡人数以亿计。在人类历史上鼠疫曾有三次世界大流行。

公元6世纪出现第一次大流行，起源于中东鼠疫自然疫源地，流行中心在中东、地中海沿岸。流行持续50～60年，死亡约一亿人。6、7、8世纪在中东、东欧和西地中海地区曾有多次鼠疫流行。

◆教皇祈求上帝解除黑死病灾难

第二次大流行始于14世纪，遍及欧洲、亚洲和非洲北海岸，尤以欧洲为甚，欧洲人口约1/4死于鼠疫，该次鼠疫流行在医学史上称为"黑死病"。

第三次大流行始于19世纪末，持续到20世纪中期，多数人认为此次流行

◆画家笔下鼠疫感染的悲惨景象

是从广东和香港开始，经海路向世界传播，到20世纪30年代达最高峰，以后陆续下降，50年代基本平息。共波及亚洲、非洲、美洲的60多个国家。传播速度之快和地区之广远超前两次大流行，疫区几乎波及全世界沿海各港埠城市及其内陆居民区。至19世纪40～50年代以后，这次大流行已基本控制。

20世纪下半期世界鼠疫疫情一直处于平稳状态，但90年代后，世界鼠疫重新呈现抬头趋势，其中一次较大的鼠疫流行于1994年，发生于印度城市苏拉特。

鼠疫第三次世界大流行后，鼠疫病例维持在一个低水平状态。进入20世纪90年代以来，鼠疫病例呈上升趋势。目前鼠疫在全世界时有区域性流行，每年报告鼠疫病例2000例以上。我国从50年代开始就开展大规模疫

与细菌作战

区根除和防治工作，鼠疫疫情基本得到控制，但这并不能完全排除鼠疫对我们的威胁。我国现有的鼠疫疫源地，多数分布在西北、西南，尤其是青海、西藏、新疆等边疆地区。但我们相信，只要加强鼠疫疫源地的监测，采取积极有效的防治措施，同时个人保持健康生活方式，一定可以降低鼠疫的发病率。

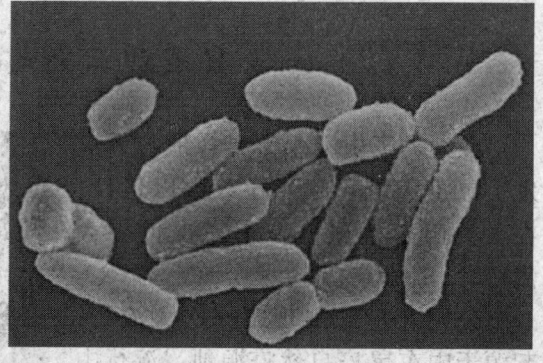

◆鼠疫（plague）是由鼠疫杆菌引起的啮齿动物中自然疫源性疾病

 小资料——鼠疫历史悠久

巢元方像

鼠疫在我国的流行也有很长的历史。早在隋代，医学家巢元方著《诸病源候论》（公元610年）和同时期孙思邈著的《千金方》中均曾提到"恶核"一症，根据患者的表现，乃是腺鼠疫的古称。14世纪鼠疫大流行波及到我国，死亡1300万人。1644年山西潞安（今长治县）曾有过鼠疫发生。1793年清代诗人师道南写的著名诗篇《鼠死行》，不仅对该病造成的悲惨情景作了生动描述，而且确切地反映了鼠间鼠疫与人间鼠疫的关系。

◆中国古代医家巢元方在他的著作《诸病源候论》中记载了鼠疫

死神的助手——致病细菌

拓展思考

1. 谁发现了鼠疫杆菌？
2. 鼠疫杆菌能产生什么毒素？
3. 世界出现了哪几次鼠疫的大流行？
4. 鼠疫杆菌能导致哪些疾病？

与细菌作战

霍乱根源——霍乱弧菌

清代著名医家王世雄在19世纪初就记载并治疗了霍乱这种病,比西方国家早了近半个世纪。霍乱到底是一个怎样的疾病,有多么严重,为什么只有人类会患上这种疾病?这一节将会为你细细讲述。

捣乱分子——霍乱弧菌

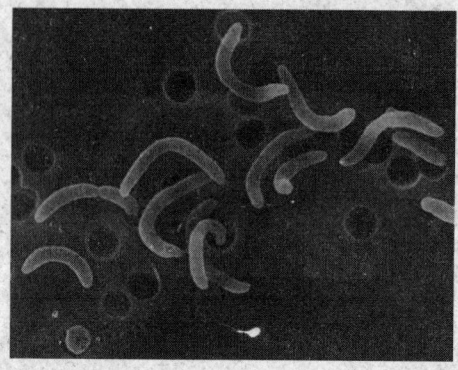
◆霍乱弧菌呈弧状

◆霍乱弧菌菌落形态

霍乱弧菌菌体大小为(0.5~0.8)微米×(1.5~3)微米。从患者新分离出的细菌形态典型,呈弧形或逗点状。革兰染色阴性。特殊结构有菌毛,无芽孢,有些菌株(包括O139)有荚膜,在菌体一端有一根单鞭毛。为兼性厌氧,营养要求不高。生长繁殖的温度范围广(18℃~37℃),故可在外环境中生存。耐碱不耐酸。霍乱弧菌为过氧化氢酶阳性,氧化酶阳性。

霍乱弧菌有耐热的O抗原和不耐热的H抗原。根据O抗原不同现已有155个血清群,其中O1群、O139群引起霍乱。H抗原无特异性。O1群霍乱弧菌根据其菌体抗原由3种抗原因子A、B、C组成,又可分为3个血清型:

死神的助手——致病细菌

小川型、稻叶型和彦岛型。根据表型差异，O1群霍乱弧菌的每一个血清型还可分为2个生物型，即古典生物型和ElTor生物型。O139群在抗原性方面与O1群之间无交叉。ElTor生物型和其他非O1群霍乱弧菌在外环境中的生存力较古典型强，在河水、井水及海水中可存活1~3周，有时还可越冬。霍乱弧菌不耐酸，在正常胃酸中仅能存活4分钟。55℃湿热15分钟，100℃煮沸1~2分钟，能杀死霍乱弧菌。以1∶4比例加漂白粉处理患者排泄物或呕吐物，经1小时可达到消毒目的。

 小资料——最早的霍乱病专著——《霍乱论》

清代著名医家王孟英是我国近代影响较大的温病学家之一，一生著述很多，其温病代表作是《温热经纬》(1852年)一书。他不仅对温热病有较深入的研究，而且鉴于当时霍乱流行，死亡者甚多的情况，于1838年他31岁时著成了《霍乱论》一书。这是以霍乱命名的最早的霍乱专著。

《霍乱论》2卷，上卷论病情及防治法。在病因、病源方面，他认为霍乱的流行与五运六气、地理环境、居住条件、水质污染等有关。在辨证方面细致入微，王氏主张把霍乱分成热症和寒症两大类，便于对症治疗。

◆清代温病学家王孟英著有《霍乱论》一书

与细菌作战

霍乱弧菌是怎样致病的？

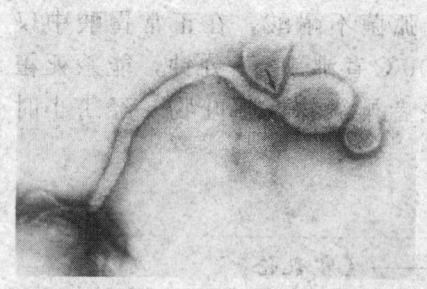

◆霍乱弧菌的带项球的有鞘鞭毛（箭头所指处）

霍乱肠毒素——是目前已知的致泻毒素中最为强烈的毒素，是肠毒素的典型代表。

鞭毛、菌毛及其他毒力因子——霍乱弧菌活泼的鞭毛运动有助于细菌穿过肠黏膜表面黏液层而接近肠壁上皮细胞。细菌的普通菌毛是细菌定植于小肠所必需的因子。只有粘附定植后方可致病。

人类在自然情况下是霍乱弧菌的唯一易感者，主要通过污染的水源或饮食物经口传染。在一定条件下，霍乱弧菌进入小肠后，依靠鞭毛的运动，穿过黏膜表面的黏液层，可能藉菌毛作用粘附于肠壁上皮细胞上，在肠黏膜表面迅速繁殖，经过短暂的潜伏期后便急骤发病。该菌不侵入肠上皮细胞和肠腺，也不侵入血流，仅在局部繁殖和产生霍乱肠毒素，此毒素作用于肠黏膜上皮细胞与肠腺使肠液过度分泌，从而患者出现

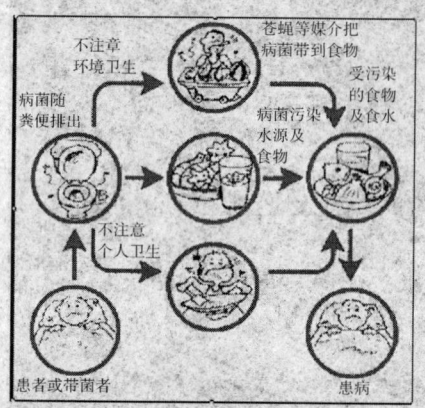

◆霍乱传染流程图

上吐下泻，泻出物呈"米泔水样"并含大量弧菌，此为本病典型的特征。患者会出现典型的大量水分流失。就算之前是健康的成年人，只要患病未经治疗，也会因严重的脱水而死亡。

> 虽然补充水分的治疗（注射或口服葡萄糖电解液）使得霍乱患者得以生存，但它并不能治愈腹泻，也不能防止霍乱继续传染。

死神的助手——致病细菌

小资料——霍乱弧菌发现史

霍乱弧菌能造成霍乱，霍乱是一种造成急性腹泻的疾病，早在1500年，霍乱大流行就已经被记载了，但找到与霍乱相似症状的记录是在希波克拉底（古希腊名医）与佛陀的年代，比1500年还要早得多。1849年，一位伦敦的医师名叫John Snow，他确定了霍乱是藉由水传播的，而就在1883年，Robert Koch 成功地分离出霍乱弧菌。因为全球贸易路线的拓

◆非洲落后国家时常爆发霍乱

展，霍乱从1817年开始在全世界传播，至今仍持续挑战全球人类的健康。特别是在发展中国家，霍乱造成了社会和经济的负担。2006年世界卫生组织（WHO）报道在全世界236 896的霍乱病例中，已经造成6 311人死亡。这些数据似乎大大地低估了霍乱的死亡人数。许多案例在季节性的暴发期间没被报道出来，而还有部分民众死亡是未经诊断过的。

拓展思考

1. 霍乱弧菌长什么样？
2. 霍乱弧菌是如何致病的？
3. 得了霍乱有哪些表现？
4. 霍乱弧菌通过哪些途径传播？

与细菌作战

夺命杀手——炭疽杆菌

炭疽杆菌属于需氧芽孢杆菌属,能引起羊、牛、马等动物及人类的炭疽病。炭疽杆菌曾被帝国主义作为致死的毒气战剂之一。平时,牧民、农民、皮毛和屠宰工作者易受感染。皮肤炭疽在我国各地还有散在发生,所以不应放松警惕。

炭疽杆菌的形态

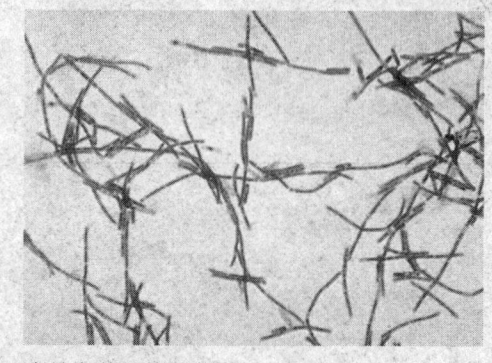

◆链条状的炭疽杆菌

炭疽杆菌菌体粗大,两端平截或凹陷。排列似竹节状、无鞭毛、无动力、革兰染色阳性。本菌在氧气充足、温度适宜(25℃～30℃)的条件下易形成芽孢。在活体或未经解剖的尸体内,则不能形成芽孢。芽孢呈椭圆形,位于菌体中央,其宽度小于菌体的宽度。在人和动物体内能形成荚膜,在含血清和碳酸氢钠的培养基中,孵育于CO_2环境下,也能形成荚膜。形成荚膜是毒性特征。

炭疽杆菌受低浓度青霉素作用,菌体可肿大形成圆珠,称为"串珠反应"。这也是炭疽杆菌特有的反应。

炭疽杆菌需要特殊培养。本菌专性需氧,在普通培养基中易繁殖。最适温度为37℃,最适pH为7.2～7.4,在琼脂平板培养24小时,长成直径2～4毫米的粗糙菌落。菌落呈毛玻璃状,边缘不整齐,呈卷发状,有一个或数个小尾突起,这是本菌向外伸延繁殖所致。在5%～10%绵羊血液琼脂平板上,菌落周围无明显的溶血环,但培养较久后可出现轻度溶血。菌落特征出现最佳时间为12～15小时。菌落有黏性,用接种针钩取可拉成丝,称为"拉丝"现象。在普通肉汤培养18～24小时,管底有絮状沉淀生长,无菌膜,菌液清亮。有毒株在碳酸氢钠平板,20% CO_2 培养下,形成黏液状菌落(有荚膜),而无毒株则为粗糙状。

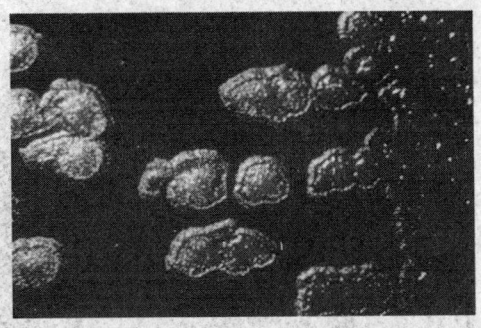
◆毛玻璃样的炭疽杆菌菌落

广角镜——"长寿"的炭疽杆菌芽孢

繁殖体抵抗力不强,易被一般消毒剂杀灭,而芽孢抵抗力强,在干燥的室温环境中可存活数十年,在皮毛中可存活数年。牧场一旦被污染,芽孢可存活数年至数十年。经直接日光曝晒100小时、煮沸40分钟、140℃干热3小时、110℃高压蒸汽60分钟以及浸泡于10%甲醛溶液15分钟、新配苯酚溶液(5%)和20%含氯石灰溶液数日以上,才能将芽孢杀灭。炭疽芽孢对碘特别敏感,对青霉素、先锋霉素、链霉素、卡那霉素等高度敏感。

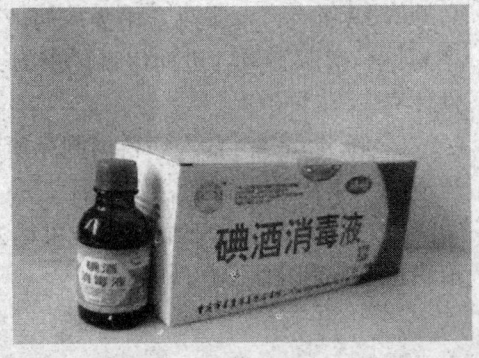
◆ "长寿"的炭疽杆菌芽孢

炭疽杆菌能致哪些疾病?

人类主要通过工农业生产而感染。机体抵抗力降低时,接触污染物品可发生下列疾病:

与细菌作战

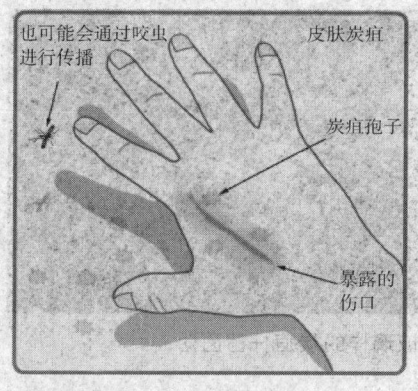

◆皮肤炭疽

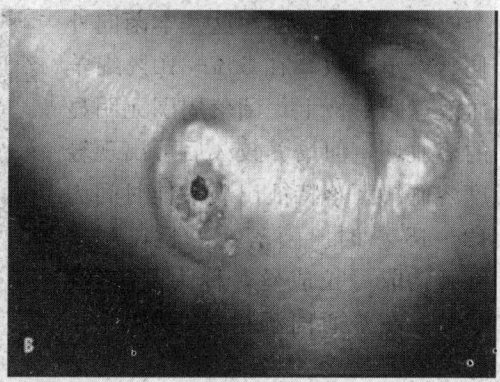

◆发生在手臂上的皮肤炭疽

1. 皮肤炭疽。最常见，多发生于屠宰、制革或毛刷工人及饲养员。本菌由体表破损处进入体内，开始在入侵处形成水疖、水疱、脓疱、中央部呈黑色坏死，周围有浸润水肿。如不及时治疗，细菌可进一步侵入局部淋巴结或侵入血管，引起败血症死亡。

2. 纵隔炭疽。少见，由吸入病菌芽孢所致，多发生于皮毛工人，病死率高。病初似感冒，进而出现严重的支气管肺炎，可在2~3天内死于中毒性休克。

3. 肠炭疽。由食入病兽肉制品所致，以全身中毒症状为主，并有胃肠道溃疡、出血及毒血症，发病后2~3日内死亡。

上述疾病若引起败血症时，可继发炭疽性脑膜炎。炭疽杆菌的致病性取决于荚膜和毒素的协同作用。

 广角镜——美研究用炭疽杆菌治疗癌症

曾引起世界广泛关注的炭疽杆菌也开始引起科学家的注意，虽然炭疽杆菌在被人体吸入后将致人于死命，或引起各种各样的并发症，但是美国马里兰州全国卫生机构的研究人员正在研究着将炭疽杆菌毒素通过基因工程技术进行重新组合，从而改变炭疽杆菌毒素的成分使之对人体健康无害，并在对付某些癌细胞上显示出潜在的价值。

科学家使用的实验工具是模拟肿瘤生长状态的老鼠，通过在老鼠身上注射这

死神的助手——致病细菌

种经过改良的炭疽杆菌毒素后发现，它能在一定程度上限制老鼠肿瘤所获得的血流量，抑制肿瘤的生长。此外研究中还发现经过改良的炭疽杆菌毒素还能直接摧毁某些肿瘤细胞的瘤体本身，其中最容易受到炭疽杆菌毒素影响的是黑素瘤、结肠肿瘤和乳腺癌等。科学家也同时指出，使用炭疽杆菌治疗癌症的实验必须在动物身上经过几年严格实验之后才能用在人体的临床实验中。

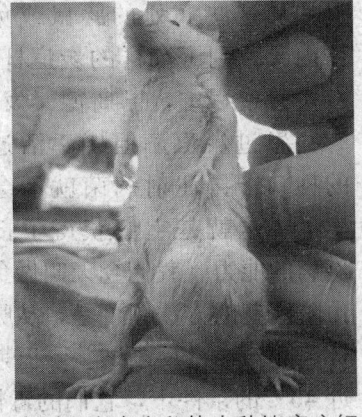

◆科学家在小鼠体内种植癌症细胞，再用炭疽毒素治疗

伟大的巴斯德与炭疽杆菌

◆巴斯德对炭疽杆菌的研究做出了杰出的贡献

◆为了纪念巴斯德在微生物领域的伟大成就，人们为他修建了纪念碑

炭疽病是在羊群中流行的一种严重的传染病，对畜牧业危害很大，而且还传染给人类，特别是牧羊人容易患病而死亡。巴斯德首先从病死的羊血中分离出了引起炭疽病的细菌——炭疽杆菌，再把这种有病菌的血从皮下注射到做试验的豚鼠或兔子身体内，这些豚鼠或兔子很快便死于炭疽

*领先一步学科学*系列

85

与细菌作战

病，从这些病死的豚鼠或兔子体内又找到了同样的炭疽杆菌。在实验过程中，巴斯德又发现，有些患过炭疽病但侥幸活过来的牲口，再注射病菌就不会得病了。这就是它们获得了抵抗

> 1996年巴斯德逝世100周年时，全世界微生物学举行活动来纪念他，因为他的研究成果给人类带来巨大的益处。

疾病的能力（我们今天叫做免疫力）。巴斯德马上想起50年前詹纳用牛痘预防天花的方法。可是，从哪里得到不会使牲口病死的毒性比较弱的炭疽杆菌呢？通过反复试验，巴斯德和他的助手发现把炭疽杆菌连续培养在接近45℃的条件下，它们的毒性便会减少，用这种毒性减弱了的炭疽杆菌预先注射给牲口，牲口就不会再染上炭疽病而死亡了。1881年，巴斯德在一个农场进行了公开的试验。一些羊注射了毒性减弱了的炭疽杆菌；另一些没有注射。4周后，又给每头羊注射毒力很强的炭疽杆菌，结果在48小时后，事先没有注射弱毒细菌的羊全部死亡了；而注射了弱毒细菌的羊则活蹦乱跳，健康如常。在现场的专家和新闻记者欢声雷动，祝贺巴斯德的伟大成功。的确，巴斯德的成就开创了人类战胜传染病的新世纪，拯救了无数的生命，奠定了今天已经成为重要科学领域的免疫学的基础。1885年，巴斯德第一次用同样的方法治好了被疯狗咬伤了的9岁男孩梅斯特。后来梅斯特成了巴斯德研究院的看门人，1940年，当法国被德国占领时，64岁的梅斯特因为拒绝法西斯军人强迫他打开巴斯德的陵墓而自杀。

拓展思考

1. 说说炭疽杆菌的形态？
2. 炭疽杆菌能导致哪些疾病？
3. 谁发现了炭疽杆菌？
4. 炭疽杆菌如何传播？

死神的助手——致病细菌

夺人生命的致病菌——破伤风杆菌

破伤风是一种历史较悠久的梭状芽孢杆菌感染,破伤风杆菌侵入人体伤口,生长繁殖,产生毒素,可引起一种急性特异性感染。破伤风杆菌及其毒素不能侵入正常的皮肤和黏膜,故破伤风一般都发生在伤后。一切开放性损伤,均有发生破伤风的可能。

引起破伤风的原因是什么?

破伤风杆菌广泛存在于泥土和人畜粪便中,是一种革兰染色阳性厌氧性芽孢杆菌。破伤风杆菌及其毒素都不能侵入正常的皮肤和黏膜,故破伤风都发生在伤后。一切开放性损伤如火器伤、开放性骨折、烧伤,甚至细小的伤口如林刺或锈钉刺伤,均有可能发生破伤风。破伤风也见于新生儿未经消毒的脐带残端和消毒不严的人工流产;并偶可发生的胃肠道手术后摘除留在体内多年的异物后。伤口内有破伤风杆菌,并不一定发病;破伤风的发生除了和细菌毒力强、数量多,或缺乏免疫力等情况有关外,局部伤口的缺氧是一个有利于发病的因素。因此,当伤口窄深、缺血、坏死组织多、引流不畅,破伤风便容易

◆生锈铁钉易致破伤风

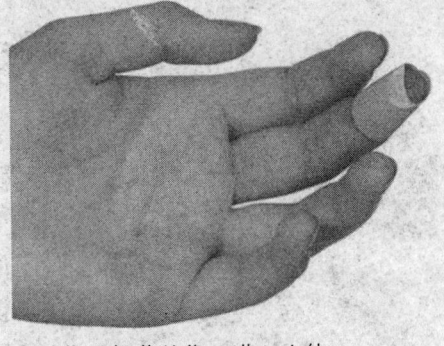
◆破伤风杆菌从伤口进入人体

"领先一步学科学"系列

与细菌作战

发生。

现代医学认为致病菌是破伤风杆菌，它是一种革兰染色阳性的厌氧性芽孢杆菌，广泛存在于泥土和人畜粪便中。破伤风杆菌必须通过皮肤或黏膜的伤口侵入，并在缺氧的伤口局部生长繁殖，产生2种外毒素：一种是痉挛毒素，对神经有特殊亲和力，作用于脊髓前角细胞或神经肌肉终板，而引起特征性的全身横纹肌持续性收缩或阵发性痉挛；另一种是溶血毒素，可引起局部组织坏死和心肌损害。因此，破伤风是一种毒血症。

广角镜——预防破伤风

破伤风是可以预防的。开展广泛的预防宣传工作，使群众对该病提高警惕，避免各种损伤，普及新法接生，正确及时地处理伤口。伤后尽早去医院进行清创，并肌内注射破伤风抗毒素（TAT）1500国际单位，进行预防。最可靠的方法是在平时注射破伤风类毒素，使人体产生抗体，预防注射3次，有效期可达10年。

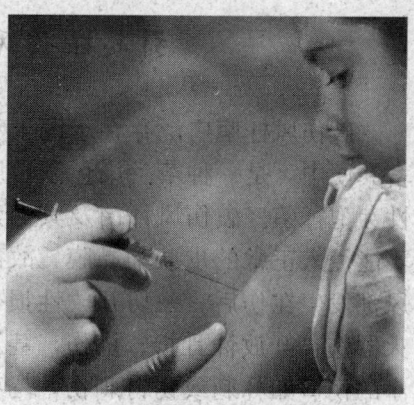

◆发生外伤，最好接种破伤风疫苗

破伤风杆菌毒力强大

破伤风杆菌芽孢在菌体一端，似鼓锤状。周鞭毛、无荚膜。幼年培养物革兰阳性，48小时后常呈阴性反应。有菌体和鞭毛两种抗原。破伤风杆菌产生破伤风痉挛毒素、溶血毒素及非痉挛毒素三种。本菌繁殖体抵抗力与一般非芽孢菌相似。但芽孢体抵抗力甚强，在土壤

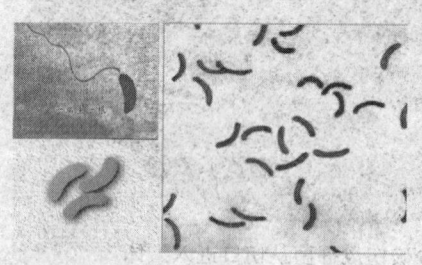

◆破伤风杆菌

死神的助手——致病细菌

中可存活几十年。

1. 各种家畜均有易感性，其中单蹄兽最容易感染，猪、羊、牛次之，人对破伤风易感性也很高，幼年较老年易感。破伤风杆菌广泛存在于施肥的土壤、街道尘土及腐臭淤泥中，家畜及人的粪便中也可能存在。

2. 传播途径：最常见于各种创伤。如鞍伤、断脐、阉割、断尾。

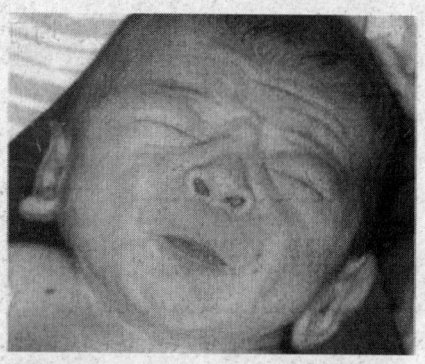

◆感染破伤风早期可致面部肌肉痉挛

破伤风患者常有外伤史，特别是有被铁锈或粪土等污染的伤口存在。它一般在伤口1～2周开始发病。此病虽很凶险，但只要发现得早并及时治疗，同样是可以治愈的。所以说，对于破伤风患者，抢救的关键是及早发现。

破伤风的早期症状是肌肉痉挛，即人们常说的"抽筋"。多数患者最早的症状是面部肌肉痉挛，其表现主要是嘴张不开，咀嚼食物时，双耳前方的肌肉

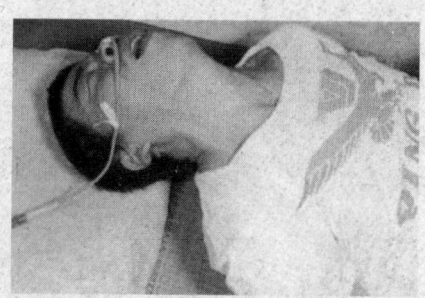

◆感染破伤风后期可致全身肌肉痉挛，引起角弓反张

痉挛疼痛。不少患者误以为是牙病而去口腔科就诊。口腔科医生检查时往往只发现咀嚼肌、颞肌痉挛，但口腔内却无引起张口困难的牙病。越是要患者张大口，患者越是张不开，甚至反而越闭越紧。此时若稍有疏忽，而易被延误，但如有这方面的诊断知识，想到是破伤风并获得及时治疗，多数是可以痊愈的。待一旦出现全身肌肉痉挛抽动，再转过头来想到破伤风，就为时已晚了。破伤风典型表现为肌肉持续性强直收缩及阵发性抽搐，最初出现咀嚼不便、疼痛性强直、张口困难、苦笑面容、吞咽困难、颈项强直、角弓反张、呼吸困难、紧张甚至窒息。轻微的刺激（强

> 在临诊上有不少患者查不到伤口所在，这可能是因潜伏期中创伤已经愈合，或可能经子宫、消化道黏膜损伤而感染。

与细菌作战

光、风吹、声响及震动等)、均可诱发抽搐发作。

1. 什么是破伤风?
2. 你打过破伤风疫苗吗?
3. 得了破伤风典型表现是什么?
4. 得了破伤风该如何治疗?

死神的助手——致病细菌

多种疾病的病原——肺炎双球菌

　　肺炎双球菌对于人类是一种最重要的病原，它不但是引起细菌性肺炎、菌血症、脑膜炎的头号凶手，也是幼儿中耳炎、鼻窦炎最常见的病原。美国的统计发现，肺炎双球菌菌血症的发生率为每年每10万人口15～30例。此发病率在年龄的两个极端最高，2岁以下的发生率为每年每10万人口160例，65岁以上为每年每10万人口50～83例。

最常见的致病菌——肺炎双球菌

　　在人类健康的奋斗史中，感染性疾病曾是最大的宿敌。在抗生素发明以后，人类在对抗感染性疾病的战场上一度大获全胜。人们甚至曾乐观地认为，感染性疾病将不再是人类生存的威胁。然而，好景不

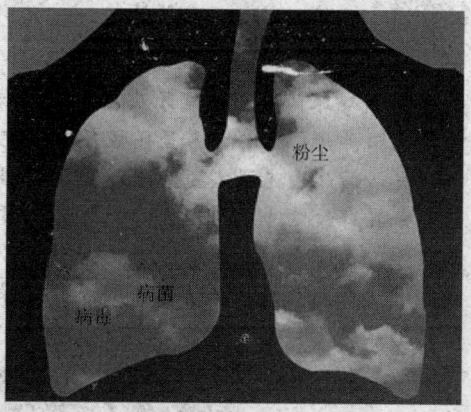

◆肺炎双球菌最容易侵犯人类肺部

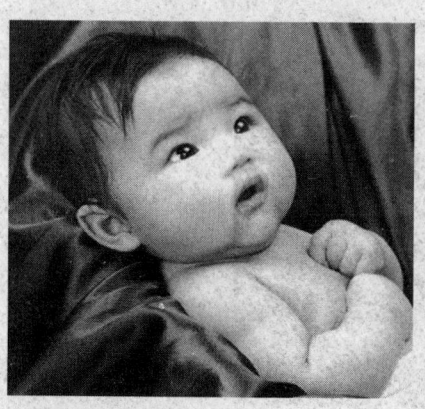

◆婴幼儿感染后死亡率高

常，在抗生素的长期滥用之下，抗生素的发明速度渐渐赶不及抗药性菌种产生的速度，感染性疾病因而开始有反扑之势。肺炎对中国人的威胁有逐年增加的趋势。而一般社区型肺炎中（排除医院内感染者），肺炎双球菌是主要的致病

"领先一步学科学"系列

与细菌作战

原，占60%左右。它正是本书所要讨论的主角。

肺炎双球菌是一种革兰阳性的双球菌，主要会引起肺炎、中耳炎、菌血症、脑膜炎等，且死亡率较高，国内约每1000人中就有11~12人曾感染肺炎双球菌，特别严重的是如果儿童感染此症死亡率更是可以高达40%。

> 如果哪一天连万古霉素都失效，肺炎双球菌可能会变成癌症般地百药不入，进而变成威胁人类健康的大敌。

另外一个值得忧虑的问题是，愈来愈多的肺炎双球菌对于青霉素等抗生素，出现严重的抗药性。万一情况继续恶化，说不定以后连简单的中耳炎都需要住院用万古霉素等又贵、不良反应又大、又须静脉注射的特殊治疗。

链接：肺炎双球菌

肺炎双球菌是菌体呈矛头状、常成双排列的球菌。直径0.5~1.5微米。革兰染色阳性，但老龄菌常呈阴性反应。在机体内形成荚膜，经人工培养后荚膜逐渐消失，菌落由光滑型变为粗糙型。兼性厌氧菌，经常寄居在正常人鼻咽腔中，仅部分具有致病力，引起大叶性肺炎、腹膜炎、胸膜炎、中耳炎、乳突炎以及败血症等。在含血的营养琼脂培养基上，37℃、24小时可形成细小、灰白、透明或半透明有光泽的扁平菌落，周围有草绿色溶血环。

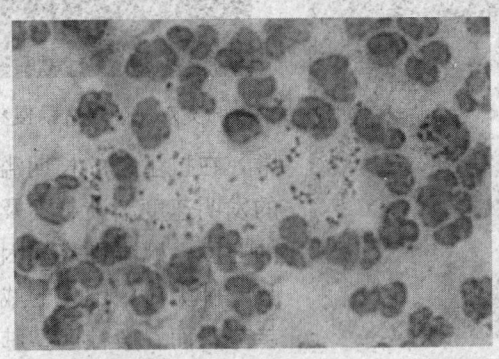

◆显微镜下的肺炎双球菌

死神的助手——致病细菌

肺炎双球菌是如何蔓延的？

肺炎双球菌可经由咳嗽、打喷嚏或亲密的接触而轻易地在人与人之间传播。人在遭到肺炎双球菌感染之后，该球菌就会附着在我们的上呼吸道黏膜上，然后开始进行复制繁殖。当然，这时候我们的免疫系统会针对该球菌的血清型产生具有特异性的抗体。这些抗体就是用来清除这些外来的肺炎双球菌。所以，感染肺炎双球菌后会不会发病，取决于菌体的繁殖动作以及血清抗体的灭菌动作中哪一个较快。幼儿及老年人之所以因为肺炎双球菌的感染而致病，就是因为幼儿的免疫系统仍不成熟，而老年人的免疫功能已较退化。

◆肺炎双球菌感染的症状

当我们的免疫系统来不及清除快速复制的肺炎双球菌时，大量的菌体就会开始蔓延。我们的咽部和中耳之间，有一条用来维持中耳腔压力平衡的耳咽管。小儿的耳咽管因为较短、较宽、较直，所以很容易成为肺炎双球菌扩展地盘的首要目标。根据统计，美国每年因肺炎双球菌感染而引发中耳炎的小儿就有约700万例！肺炎双球菌是小儿中耳炎最常见的致病原。从半岁到一岁半之间是小儿中耳炎最容易发生的阶段。中耳炎发生时小儿会有发热、耳痛（小小儿可能以抓耳朵、摇头来表现）、食欲不佳、躁动不安、耳朵流脓、听力变差等现象。若不及早发现加上不积极治疗可能发展成慢性中耳炎，以及永久性的听力障碍。

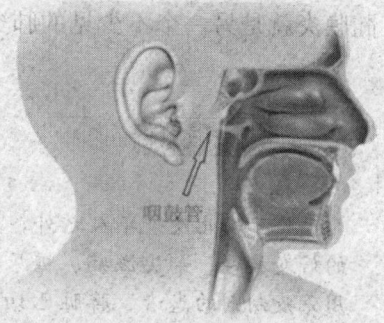

◆肺炎双球菌通过咽鼓管进入中耳，引起中耳炎

当肺炎双球菌往下呼吸道窜行时，就可能引发肺炎。患者会出现高热、畏寒、呼吸急促、咳嗽、胸痛以及痰量明显增加。肺炎也可以是病毒、真菌或其他细菌所引起，不过肺炎双球菌是严重肺炎的最主要的原

与细菌作战

◆老年人和婴幼儿都是肺炎双球菌易感对象

因。事实上,在抗生素未发明之前,老年人一旦得了细菌性肺炎,几乎是必死无疑!

当肺炎双球菌大量繁殖时,可能侵入血液循环造成菌血症。菌血症是一种危急的重症,患者会高热、寒颤、心悸、血压下降甚至休克而危及生命。球菌一旦进入血液,就可能在其他器官滞留下来,就地繁殖。脑脊髓膜炎就是另一个不少见的肺炎双球菌感染症。

> 发生在小儿身上中耳炎最常见的是肺炎双球菌感染;而发生在成人身上的肺炎双球菌感染,则90%以上是以肺炎来表现。

 知识窗

好发族群

除了幼儿及老年人之外,免疫功能不全的人当然也是肺炎双球菌感染的好发族群。如艾滋病、糖尿病、肾功能不全之类的慢性病患者,正在使用免疫制剂的患者、脾脏已切除的人等,都比一般人容易得肺炎双球菌的感染。

 链接:肺炎双球菌疫苗

事实上,肺炎双球菌疫苗早在青霉素被发明出来的年代就已经被开发出来。可惜它生不逢时,因为当时青霉素的强效使它不受重视,一度被打入冷宫。直到近年来,肺炎双球菌的抗药性问题越来越严重之后,它才重新获得了人们关爱的眼神。肺炎双球菌疫苗是一种荚膜多糖疫苗,它是针对球菌表面多糖荚膜的抗原性而发展出来的,是一种23价疫苗,它能针对23种血清型的肺炎双球菌产生对

死神的助手——致病细菌

应性的抗体。这23种血清型几乎涵盖了百分之八九十以上容易造成严重肺炎双球菌感染的血清型。打了疫苗之后2~3周就可产生保护性的抗体，足以大幅减少肺炎双球菌感染发生的机会。

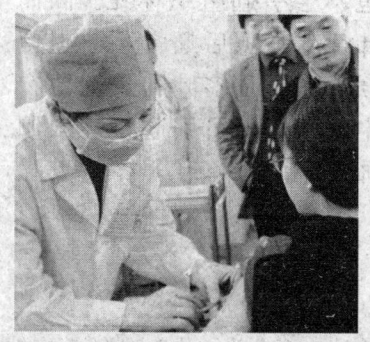

◆易感人群可以打疫苗

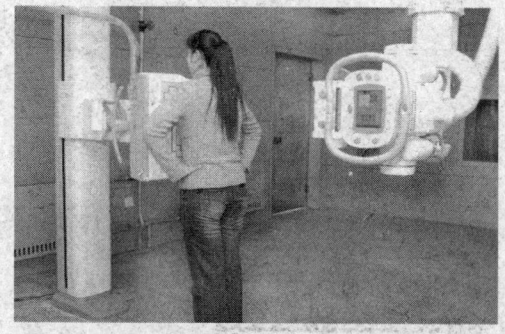

◆如果发现病情加重，要及时到医院就诊

感染肺炎双球菌，该吃什么药？

肺炎双球菌感染的治疗主要是靠抗生素的使用。青霉素是便宜又有效的抗生素。但是近年来，由于抗生素的滥用，国内外多个研究发现，肺炎双球菌抗药性比例有逐年增加的现象，从患者体内培养出来的肺炎双球菌中，在1998年有60%的菌株具有青霉素抗药性，到2002年上升至80%，因此增加临床治疗的困难度，依感染部位或抗药种类、严重程度不同，有些甚至需使用到更高级抗生素来治疗。

◆感染了肺炎双球菌，该吃什么药

如青霉素用药后2~3日病情未见好转，应考虑偶见的抗青霉素菌株而改用其他抗菌药物。可根据培养出的肺炎链球菌敏感试验结果而改用其他药物。由于小儿肺炎常常不能在24小时内做出特异性病原诊断，因而可使用广谱抗生素来治疗不明致病菌的肺炎，近年来多应用一代和二代头孢菌

与细菌作战

对晚期就诊者必须注意比较常见的并发症，如脓胸、肺脓肿、心包炎、心肌炎及中毒性肝炎，并给予适当的治疗。

素如头孢唑啉、头孢噻吩、头孢呋肟等。肺炎链球菌并不产生真正的外毒素；荚膜多糖抗原也不会引起组织坏死。因而大叶性肺炎愈后通常不会遗留肺损伤。但是多叶肺炎遗留在肺中的瘢痕偶可引起慢性限制性肺疾病。

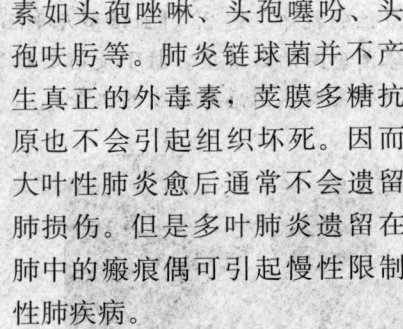

拓展思考

1. 肺炎双球菌长什么样？
2. 肺炎双球菌能导致什么疾病？
3. 你打过肺炎双球菌疫苗吗？
4. 得了肺炎该吃什么药？

死神的助手——致病细菌

脑膜炎的真凶——脑膜炎双球菌

大脑是人体的司令部,人体有许多结构保护着大脑,防止病菌侵入,但脑膜炎双球菌是个坏家伙,它可以长驱直入进入大脑,引起疾病,下面就来看看它是怎么干"坏事"的。

脑膜炎的罪魁祸首——脑膜炎双球菌

脑膜炎双球菌(Nm),即脑膜炎奈瑟菌,属奈瑟菌属,革兰染色阴性,呈肾形或卵圆形,0.8毫米×0.6毫米大小。常成对排列,临近两边扁平凹陷。有荚膜、无芽孢、不活动。

此菌可自带菌者的鼻咽部或患者的脑脊液、血液、皮肤出血点挤出液中检出,对干燥、湿热、寒冷、阳光、紫外线及一般消毒剂均极敏感,在体外低于37℃或高于50℃的环境中易死亡。在普通培养基上本菌不易生长,在巧克力或血培养基或卵黄培养基上生长良好。脑膜炎的双球菌为需氧菌,直接从人体分离时需在5%～10%的CO_2的环境中才能生长,低于25℃或高于40℃不生长。在37℃培养24小时后,菌落直径为0.5毫米～2毫米,

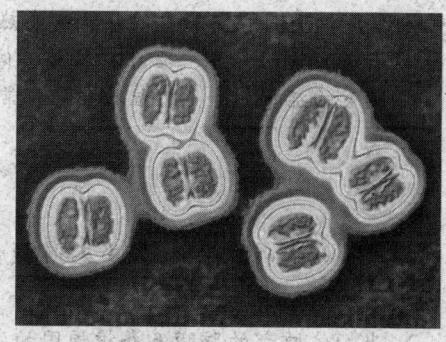
◆脑膜炎双球菌

◆头痛是脑膜炎典型症状

表面突起、光滑、湿润、圆整、略带灰白色,透明或半透明、似露珠状、不溶血、不产色素。培养时间延长,菌落增大,着色深浅不一致,不透明。绝

与细菌作战

大多数脑膜炎双球菌菌株分解葡萄糖和麦芽糖,产酸不产气。不分解蔗糖、果糖和乳糖。过氧化酶和氧化酶阳性。

脑膜炎会突然发作,且其显现的症状和一般感冒很像,因此常被忽略。在婴儿及新生儿,高热、头痛、颈部僵硬并非其典型的症状,有时反而出现低温的情形。这群患者出现的症状有:尖锐且持续的哭声、不寻常的思睡、食欲很差等。在老年人,以上的症状或许会出现,也可能不会,但是会显示隐匿性的症状,如意识不清、迟钝。严重的细菌性脑膜炎还会有休克、昏迷或抽搐(类似癫痫)的症状产生。

引起误诊的疾病

脑膜炎造成的病死率约10%。其预后也常常导致永久性的神经病变,如耳聋、盲目。脑膜炎的症状:高热(>40℃)、颈部僵硬、严重头痛、食欲不振、意识不清、呕吐、抽搐、倦怠、思睡、对光敏感、皮肤疹,这些脑膜炎的症状,和感冒症状相似,常引起误诊。

 小资料——人类是如何被传染上脑膜炎的?

当人体脑部的脑膜及脊椎周围的脊髓液被感染并产生炎症症状时,我们称为脑膜炎。常见的形态有细菌和病毒。以细菌性脑膜炎症状比较严重。细菌的来源有可能是:

间接性感染,比如体内某部位感染后经血液传播至中枢系统。

◆飞沫是脑膜炎的主要传播方式

感染脑膜炎双球菌后到发病的潜伏期3日,最短几个小时,最长可达10日。症状的变化可能会在1~2日发生。

死神的助手——致病细菌

直接性的感染，如严重的头部外伤及耳朵、鼻咽、牙齿的感染。此病主要经由直接接触受感染者口鼻分泌物的飞沫而传播。脑膜炎患者的咳嗽、打喷嚏也具有传染性。

总之，当您周遭有一位脑膜炎患者时您都是高危险性被传染者，因此避开和对方亲吻、共用餐具或牙刷等物品。

广角镜——寒冷天气助纣为虐

流行性脑膜炎是一种冬春季节发病率高、起病急骤的传染病。流行原因除与病原有关外，还与空气的温度、相对湿度、水平风速大小密不可分。冬、春季寒冷干燥，风速较大，气温变化急剧；加之冬、春季人们室内活动增多，接触频繁，烟尘刺激，呼吸道感染机会多；另外，室内外温差大，人体抵抗力弱，适应能力差等，是导致出现流行性脑膜炎冬、春季流行高峰的重要因素。

◆寒冷天气易发流行性脑膜炎

感染了脑膜炎双球菌怎么办？

虽然近年来有近3‰的双球菌对青霉素的敏感性下降，但青霉素仍宜作为治疗脑膜炎双球菌感染的首选药物。为使青霉素取得立竿见影的效果，防止耐药发生，建议足量使用。

> 以往在我国流行的流行性脑膜炎主要由A群脑膜炎菌引起，B、C群主要在欧美地区流行。

在英国脑膜炎双球菌对青霉素的耐药率在1985年为0.2%；1986是1.2%；1987年2.9%；1988年3.9%；1989年为3.7%。临床上遇到耐药菌株时，即使给予曾经是足够剂量的青霉素，都未能见效。研究发现，这些对青霉素相对不敏感的菌株能持续形成B组和C组的血清型混合物；它改变青

与细菌作战

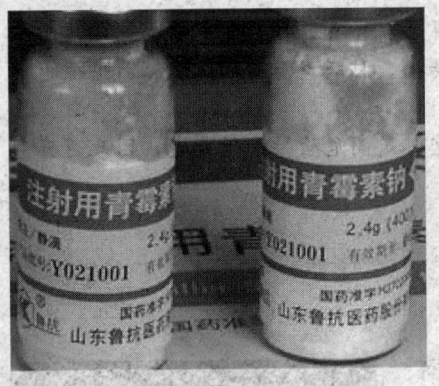

◆青霉素是首选药物

◆预防脑膜炎要勤洗手

霉素的蛋白质结构，是遗传物质与一株非致病黄色奈瑟菌密码组合的结果。

目前已发现的脑膜炎双球菌至少有 A、B、C、D 等 13 个血清群。以往的 A 群流行性脑膜炎疫苗所产生的免疫力，不能抵御 C 群脑膜炎双球菌的感染。因此，我国大部分人群缺乏对该菌的免疫力，容易造成流行性脑膜炎流行。与过去常见的 A 群流行性脑膜炎相比，C 群流行性脑膜炎具有易传播的特点，发病地点多为中小学校，隐性感染比例高、起病急、以高热为首发症状，伴有头痛、全身酸痛、咽痛、咳嗽等。该病病程进展快，病死率高，临床上常表现为暴发型，患者可在 24 小时内死亡。

广角镜——养成良好习惯，预防脑膜炎

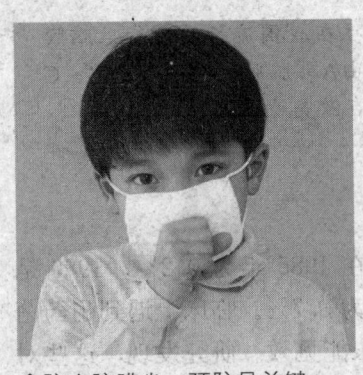

◆防止脑膜炎，预防是关键

保持良好的个人卫生习惯，彻底洗净双手及保持双手清洁。双手接触呼吸道的排泄物后应立即洗手。

打喷嚏或咳嗽时应掩着口鼻，用纸巾包裹痰涎，并弃置于有盖的垃圾桶内，并立即洗手。

旅客在前往高危地区之前，应咨询医生有关流行性脑膜炎疫苗接种事宜。旅客前往出现脑膜炎双球菌感染个案的地区后如果感到不适，应立即找医生诊治，并告知医生近期到过的地区。

死神的助手——致病细菌

拓展思考

1. 说说脑膜炎双球菌的特性?
2. 脑膜炎双球菌能导致哪些疾病?
3. 感染了脑膜炎双球菌怎么办?
4. 如何预防脑膜炎双球菌?

与细菌作战

腹泻的元凶——大肠埃希菌

你是否会因为吃了不干净的食物而拉肚子。那么,很有可能那是大肠埃希菌在作祟。大肠埃希菌属于人体的正常菌群,有时大肠埃希菌也能致病,但是任何东西都有双面性,有时它也在扮演"好人"的角色。那么,还等什么呢,就让我们一起走近它吧。

一起认识大肠埃希菌

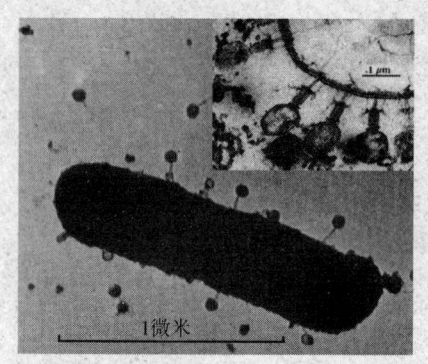

◆大肠埃希菌电镜照片

大肠埃希菌大小 0.5 微米×(1~3)微米。周身鞭毛、能运动、无芽孢。能发酵多种糖类,产酸、产气,是人和动物肠道中的正常栖居菌,婴儿出生后即随哺乳进入肠道,与人终身相伴,其代谢活动能抑制肠道内分解蛋白质的微生物生长,减少蛋白质分解产物对人体的危害,还能合成维生素B族和维生素K,以及有杀菌作用的大肠埃希菌素。正常栖居条件下不致病。但若进入胆囊、膀胱等处可引起炎症。大肠埃希菌在肠道中大量繁殖,几占粪便干重的1/3,为兼性厌氧菌。在环境卫生不良的情况下,常随粪便散布在周围环境中。若在水和食品中检出此菌,可认为是被粪便污染的指标,从而可能有肠道病原菌的存在。因此,大肠菌群数(或大肠菌值)常作为饮水和食物(或药物)的卫生学标准。大肠埃希菌的抗原成分复杂,可分为菌体抗原(O)、鞭毛抗原(H)和表面抗原(K),后者有抗机体吞噬和抗补体的能力。根据菌体抗原的不同,可将大肠埃希菌分为150多型,常引起流行性婴儿腹泻和成人肋膜炎。大肠埃希菌是研究微生物遗传的重要材料,如局限性转导就是1954年在大肠埃希菌K12菌株中发现的。莱德伯格采

死神的助手——致病细菌

用两株大肠埃希菌的营养缺陷型进行实验，奠定了研究细菌接合方法学上的基础，以及基因工程的研究。

 知识窗

潜伏期

潜伏期是指从病原体侵入人体起，至开始出现临床症状为止的时期。各种传染病的潜伏期不同，数小时、数天、数月甚至数年不等。非典型肺炎的潜伏期为3～20天之间，通常在4～5天。

大肠埃希菌的是如何传播的？

大肠埃希菌可通过饮用受污染的水或进食未熟透的食物，特别是免烧的牛肉、汉堡及烤牛肉等。饮用或进食未经消毒的奶类、芝士、蔬菜、果汁及乳酪而染病的个案也有发现。此外，如果个人卫生不好，也可能会通过人传人的途径，或经进食受粪便污染的食物而感染该种病菌。

◆污染的食物可以携带大肠埃希菌

 广角镜——大肠埃希菌的妙用

大肠埃希菌作为外源基因表达的宿主，遗传背景清楚，技术操作简单，培养条件简单，大规模发酵经济，备受遗传工程专家的重视。目前大肠埃希菌是应用最广泛、最成功的表达体系，常作高效表达的首选体系

科学家们把人的胰岛素基因送到大肠埃希菌的细胞里，让胰岛素基因和大肠埃希菌的遗传物质相结合。人的胰岛素基因在大肠埃希菌

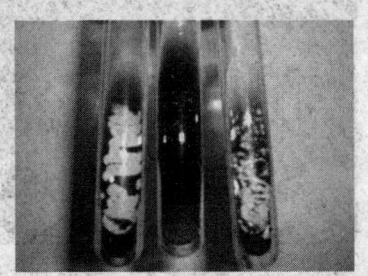
◆大肠埃希菌是常用的基因工程菌

与细菌作战

的细胞里指挥着大肠埃希菌生产出了人的胰岛素。并随着它的繁殖，胰岛素基因也一代一代传了下去，后代的大肠埃希菌也能生产胰岛素了。这种带上了人工给予的新的遗传性状的细菌，被称为基因工程菌。

大肠埃希菌致病物质

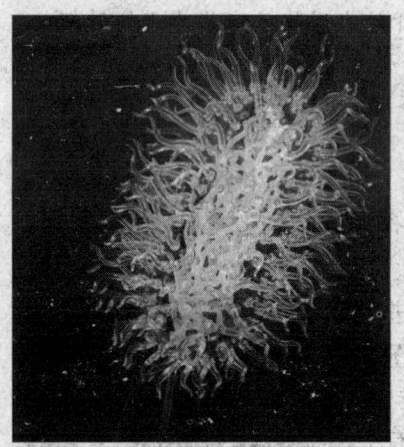

◆细菌周围的粘附物质

大肠埃希菌具有很多毒力因子，包括内毒素、荚膜、Ⅲ型分泌系统、粘附素和外毒素等。

粘附素——能使细菌紧密粘着在泌尿道和肠道的细胞上，避免因排尿时尿液的冲刷和肠道的蠕动作用而被排除。大肠埃希菌粘附素的特点是具有高特异性。

外毒素——大肠埃希菌能产多种的外毒素，包括：志贺毒素Ⅰ和Ⅱ；耐热肠毒素Ⅰ和Ⅱ；不耐热肠毒素Ⅰ和Ⅱ。此外，溶血素A在尿路致病性大肠埃希菌所致疾病中有重要作用。

广角镜——科学家发现大肠埃希菌生长关键基因

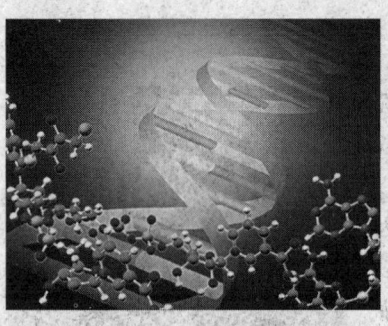

◆大肠埃希菌生长三个关键基因被发现

英国邓迪大学研究人员通过分析大肠埃希菌基因组新发现三个大肠埃希菌生长发育必需的基因，其中一个基因也在人体中发现，与癌症发生密切相关。研究人员将新发现的3个基因命名为：yjeE，yeaZ和ygjD。实验证明三个基因与大肠埃希菌正常生长发育密切相关，限制yeaZ基因表达会使大肠埃希菌细胞核区高度浓缩，限制yjeE和ygjD基因表达则导致DNA在细胞中分配不均。研究人员还发现ygjD基因也出现在人类基因组

死神的助手——致病细菌

中，是新发现的 3 个基因中最重要的一个。

大肠埃希菌导致的疾病

肠道外感染

多为内源性感染，以泌尿系感染为主，如尿道炎、膀胱炎、肾盂肾炎。也可引起腹膜炎、胆囊炎、阑尾炎等。婴儿、年老体弱、慢性消耗性疾病、大面积烧伤患者，大肠埃希菌可侵入血流，引起败血症。早产儿，尤其是生后30天内的新生儿，易患大肠埃希菌性脑膜炎。

◆腹泻难忍

急性腹泻

某些血清型大肠埃希菌能引起腹泻。其中大肠埃希菌会引起婴幼儿和成人腹泻，出现轻度水泻，也可呈严重的霍乱样症状。肠致病性大肠埃希菌是婴儿腹泻的主要病原菌，有高度传染性，严重者可致死。细菌侵入肠道后，主要在十二指肠、空肠和回肠上段大量繁殖。此外，肠出血性大肠埃希菌会引起散发性或暴发性出血性结肠炎，可产生志贺毒素样细胞毒素。

> 大肠埃希菌引起的腹泻常为自限性，一般2～3天自愈，如果是营养不良者可达数周，也可反复发作。

 讲解——从口预防大肠埃希菌

保持厨房地面以及器皿清洁，并把垃圾妥为弃置；保持双手清洁，经常修剪指甲；进食或处理食物前，应用肥皂及清水洗净双手，如厕或更换尿片后亦应

与细菌作战

◆夏季，吃不完的食物要注意冷藏

洗手；食水应采用自来水，并最好煮沸后才饮用；应从可靠的地方购买新鲜食物；避免进食未经低温消毒法处理的牛奶，以及未熟透的碎牛肉和其他肉类食品；食物应彻底清洗；易腐坏食物应用盖盖好，存放于冷柜中；生的食物及熟食，尤其是牛肉及牛的内脏，应分开处理和存放，避免交叉污染；冷柜应定期清洁和融霜，温度应保持于4℃或以下；若食物的所有部分均加热至75℃，便可消灭大肠埃希菌O157：H7；因此，碎牛肉及汉堡应彻底加热至75℃达2～3分钟，直至煮熟的肉完全转为褐色，而肉汁亦变得清澈；食物煮熟后应尽快食用；如有需要保留吃剩的熟食，应该加以冷藏，并尽快食用；食用前应彻底加热。变质的食物应该弃掉。

拓展思考

1. 人体的大肠埃希菌寄居在哪里？
2. 大肠埃希菌能导致什么疾病？
3. 大肠埃希菌是如何致病的？
4. 怎样预防大肠埃希菌致病？

死神的助手——致病细菌

婴幼儿克星——百日咳杆菌

百日咳的英文名称意思是强烈的咳嗽,但不是患者真会持续咳嗽100天,只是形容这种病咳嗽持续时间较长。实际上,它是一种既激烈而又持久的咳嗽。民间有"鹭鸶咳"或"疫咳"之称。

百日咳最"爱"婴幼儿

◆百日咳易袭婴幼儿

◆百日咳杆菌要在含有血液的琼脂培养基中生长

本病遍及世界各地,全年均可发病,以冬春季节为多,可延至春末夏初,甚至高峰在6、7、8三个月。据中国北京、上海临床地区统计,以5～7月发病率最高,患者及无症状带菌者是传染源,从潜伏期到第6周都有传染性通过飞沫传播。人群对本病普遍易感,约2/3的病例是7岁以下小儿尤以5岁以下者居多。据中国上海医科大学儿科医院统计资料1981～1984年742例患者中,1～5岁(尤其1～2岁)最多。因婴幼儿从母体得到的特异性抗体极少,最为易感。成人百日咳有增多趋势。一般病后可获

107

与细菌作战

持久免疫。

百日咳杆菌为卵圆形短小杆菌，大小为（0.5～1.5）微米×（0.2～0.5）微米，无鞭毛、芽孢。革兰染色阴性。用甲苯胺蓝染色可见两极异染颗粒。专性需氧，初次分离培养时营养要求较高，需用马铃薯血液甘油琼脂培养基（即鲍—金培养基）才能生长。经37℃2～3天培养后，可见细小、圆形、光滑、凸起、银灰色、不透明的菌落，周围有模糊的溶血环。液体培养呈均匀混浊生长，并有少量黏性沉淀。本菌抵抗力弱。56℃30分钟、日光照射1小时可致死亡。对多黏菌素、氯霉素、红霉素、氨苄青霉素等敏感，对青霉素不敏感。

 名人介绍：博尔代发现百日咳杆菌

博尔代，比利时细菌学家，免疫学家。1901年回布鲁塞尔，任狂犬病防治和细菌学研究所所长。1907～1935年任布鲁塞尔大学细菌学教授。1895年发现动物血清中存在着溶菌作用的两种物质：一种是特异性抗体，仅存在于有免疫力的动物血清中；一种是非特异性的物质，即现在所说的补体，存在于所有动物血清中。1898年研究溶血作用，发现血清也能溶解异体的红细胞。1901年研究免疫问题时发现抗体有与特异性抗原结合的能力，抗原、抗体结合的机制是吸附作用。他与其他人一起建立补体结合试验，他们还发现百日咳杆菌并研制成功百日咳菌苗。由于他对体液免疫学和血清学的发展做出贡献，获1919年诺贝尔生理学或医学奖。他一生获得许多荣誉。代表作为《传染病的免疫疗法》。

◆比利时细菌学家，免疫学家——博尔代

死神的助手——致病细菌

百日咳可以在儿童中传播

百日咳是一种常见的儿童传染病，1～6岁患病的较多，只要不发生并发症，一般都能自行痊愈，而且有较持久的免疫力。人在一生中得2次百日咳的极少见。孩子得百日咳后，除应及时治疗

> 百日咳的患儿需要少吃多餐，进食易消化、富营养的饮食，以利吸收，增加抗病能力。

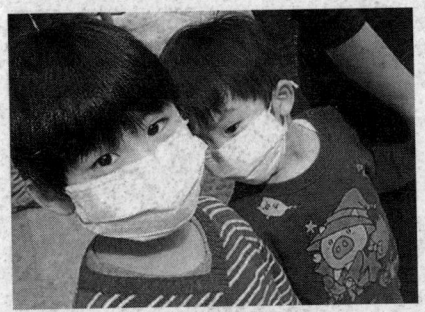

◆百日咳在儿童中传播

◆注意屋内通风

外，还应禁忌以下几点：

1. 忌关门闭户，空气不畅。有的家长见孩子咳嗽，怕孩子着凉，把门户关得严严的。其实这样并不好。百日咳的孩子由于频繁剧烈地咳嗽，肺部过度换气，易造成氧气不足，一氧化碳潴留，应有较多的氧气补充，让孩子多在户外活动，在室内也尽量保持空气新鲜流通，对孩子有益无害。

2. 忌烟尘刺激。家中如有吸烟的人，在孩子患病期间最好不要吸烟，或到户外去吸烟。此外，生炉子、炒菜等，一定要设法到室外进行。

3. 忌卧床不动。有的家长以为活动会加重孩子咳嗽，这是一种误解。百日咳的咳嗽是阵发性的，让孩子在空气新鲜的地方适当做些活动和游戏往往会减轻咳嗽。

4. 忌饮食过饱。过饱会加重胃肠功能的负担，心脏要输出过多的血液维持胃肠功能的需要，势必造成呼吸系统供

"领先一步学科学"系列

109

与细菌作战

血供氧不足，不利于身体的康复。

5. 忌和患儿接触，以免感染。因此时抵抗力、免疫力都比较低下。

6. 忌疲劳过度。百日咳病期长，对孩子的身体消耗很大，所以既不可不让孩子活动，又不可放纵不管，要有足够的营养及休息，所以活动必须适度。

 讲解——为什么百日咳会像鸡鸣一样？

百日咳杆菌从易感者的呼吸道侵入，经1～3周的潜伏期（一般7～10天）后出现症状，病程分3期，但无明显界限。

卡他期——一般为1～2周，开始有类似感冒的症状。3天左右症状减轻，唯咳嗽加重，渐渐转变成阵发性痉挛性咳嗽。

痉咳期——阵发性痉挛性咳嗽是本期特点。痉咳发生时，先是频繁短促的咳嗽十多声以至数十声，患者处于呼气状态，随之一次深长吸气，但此时喉部仍是痉挛状态，气流通过紧张狭窄的声门发出

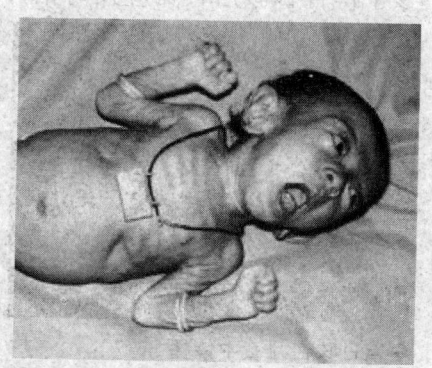

◆百日咳可以导致儿童死亡

一种高调的吼声，如鸡鸣或犬吠样。如此反复上述咳嗽过程，直至把呼吸道积聚的黏痰咳出为止。成人患者多数有典型症状，但也可能仅有几周干咳，大多仍坚持工作，并作为传染源，对此应予重视。痉咳期长短与治疗的迟早、病情轻重有关，短者数天，长者可达两个月，一般为2～6周。

 **拓展思考**

1. 哪些人群容易得百日咳？
2. 得了百日咳有什么表现？
3. 谁发现了百日咳的病原菌？
4. 如何预防百日咳？

死神的助手——致病细菌

传播结核病的凶手——结核杆菌

许多个世纪以来，结核一直是人类的灾难。不过抗生素似乎征服了它。据资料介绍，自1882年科赫发现结核菌以来，因结核病死亡人数已达2亿。而今日重提防治结核病，是因为最新资料表明，全世界结核患者死亡人数已由1990年的250万增至2000年的350万。75%的结核病死亡发生在最具生产力的年龄组（15～45岁），全球已有20亿人受到结核病感染，每年感染率为1%，即每年有约6500万人受到结核病感染。

◆全球范围内，结核病发病呈上升趋势

关于结核病的历史

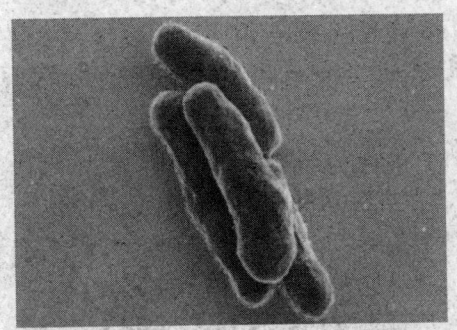

◆结核杆菌有一层蜡状的外衣，保护它免受免疫系统攻击

◆多种多样的抗结核药物使结核病不再可怕

"面色苍白、身体消瘦、一阵阵撕心裂肺的咳嗽……"在19世纪的小说和戏剧中不乏这样的描写，而造成这些人如此状况的就是当时被称为

与细菌作战

◆德国细菌学家罗伯特·科赫

"白色瘟疫"的肺结核，也即"痨病"。

1882年，德国科学家罗伯特·科赫宣布发现了结核杆菌，并将其分为人型、牛型、鸟型和鼠型四型，其中人型菌是人类结核病的主要病原体。肺结核就是主要由人型结核杆菌侵入肺脏后引起的一种具有强烈传染性的慢性消耗性疾病。科赫率先分离出炭疽杆菌、结核菌、霍乱弧菌，提出了科赫原则。因此他获得了1905年诺贝尔生理学或医学奖。

1945年，特效药链霉素的问世使肺结核不再是不治之症。此后，雷米封、利福平、乙胺丁醇等药物的相继合成，更令全球肺结核患者的人数大幅减少。在预防方面，主要以卡介苗（BCG）接种和化学预防为主。其中1951年异烟肼的问世，使化学药物预防获得成功。异烟肼的杀菌力强、不良反应少，且又经济，所以便于服用，服用6~12个月，10年内可减少发病50%~60%。

小资料——世界防治结核病日

1995年底，世界卫生组织将每年的3月24日规定为"世界防治结核病日"，以纪念结核杆菌的发现者罗伯特·科赫，并进一步呼吁各国政府加强对结核病防治工作的重视与支持。中华人民共和国传染病法将结核病列为乙类传染病。因为专业医院具有先进的检测手段，只有结核病能够系统管理系统治疗，才是结核病得以根治、得以控制的最佳手段。

◆世界防治结核病日图标

死神的助手——致病细菌

肺结核的症状及传播途径

常见临床表现为咳嗽、咳痰、咯血、胸痛、发热、乏力、食欲减退等局部及全身症状。肺结核90％以上是通过呼吸道传染的，患者通过咳嗽、打喷嚏、高声喧哗等使带菌液体喷出体外，健康人吸入后就会被感染。

感染途径：主要是呼吸道，传染原喷出的带菌飞沫被吸入肺部而感染，少数可经消化道传染，如含菌的痰、奶、食物感染肠道。肺结核主要是经呼吸道传染的。结核杆菌侵入人体后是否发病，不仅取决于细菌的量和毒力，更主要取决于人体对结核杆菌的抵抗力（免疫力），在机体抵抗力（免疫力）低下的情况下，入侵的结核菌不被机体防御系统消灭而不断繁殖，引起结核病。

对肺结核的诊断通常主要是询问病史查体征，痰菌检查（涂片或培养），胸部X线检查（拍胸片或胸透），皮下结核菌素试验，以及其他特殊检查如免疫血清学，纤维支气管镜活检与其他病理检查等。

肺结核诊断中一旦痰中查到结核菌即可定诊。但结核菌阴性肺结核的确诊有时相当困难，其比例又占肺结核1/2或更高，故应更加重视。

◆由于结核杆菌是需氧菌，肺部的淋巴结是结核杆菌的大本营

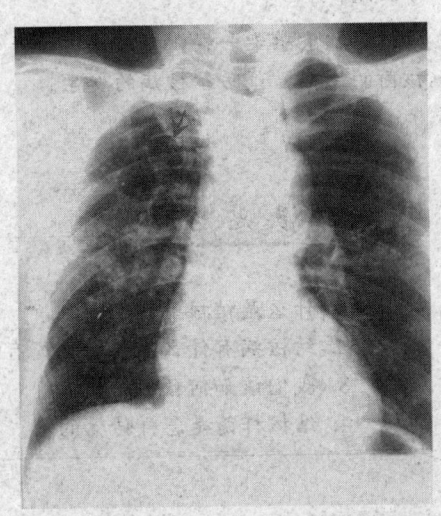

◆感染结核引起的结核空洞

与细菌作战

广角镜——预防结核病其实很简单

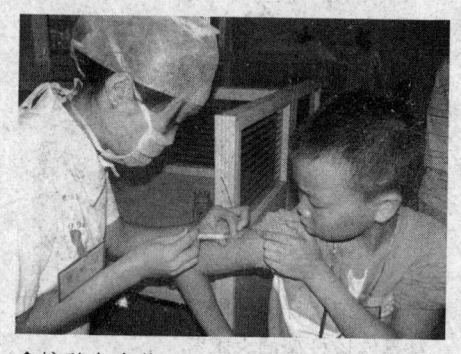

◆接种卡介苗

只要做到以下几点，预防结核病其实很简单。积极、合理、正规治疗已发现的肺结核患者，特别是排菌患者，做到查出必治，治必彻底。对排菌患者及肺结核患者要注意隔离，在咳嗽、打喷嚏时用手帕掩住口鼻，外出戴口罩，不要随地吐痰，不和儿童亲近，室内经常开窗通风，勤晒被褥，碗筷要经常煮沸消毒等。接种卡介苗：卡介苗是一种消毒活菌苗，人体接种卡介苗就如同受到结核菌初次感染一样，会对结核菌产生特异性免疫力，这种免疫力可抵御外来结核菌的感染，预防结核病的发生。

拓展思考

1. 什么是结核病？
2. 结核病有什么主要特征？有哪些治疗方法？
3. 我们该如何预防结核病？
4. 结核杆菌是怎样传播的？

死神的助手——致病细菌

消化道里的铁扇公主
——细菌与食物中毒

食物中毒是指食用了不利于人体健康的食品而导致的急性中毒性疾病。是由于进食被细菌及化学性毒物污染的食物，或误食了本身有毒的食物而引起的。食物中毒的特点是潜伏期短、突然暴发和集体性暴发，多数表现为肠胃炎的症状，并和食用某种食物有着明显关系……

食物中毒很常见

◆食物中毒往往波及多人

◆吃了含毒的蘑菇会导致食物中毒

由细菌引起的食物中毒占绝大多数，主要是动物性食品（如肉类、鱼类、奶类和蛋类等）和植物性食品（如剩饭、豆制品等）等引起。

食用有毒动植物也可引起中毒。如食入未经妥善加工的河豚鱼可使末梢神经和中枢神经发生麻痹，最后因呼吸中枢和血管运动中枢麻痹而死亡。一些含一定量硝酸盐的蔬菜，贮存过久或煮熟后放置时间太长，细菌大量繁殖会使硝酸盐变成亚硝酸盐，而亚硝酸盐进入人体后，可使血液中

与细菌作战

低铁血红蛋白氧化成高铁血红蛋白，失去输氧能力，造成组织缺氧。严重时，可因呼吸衰竭而死亡。发霉的大豆、花生、玉米中含有黄曲霉的代谢产物黄曲霉素，其毒性很大，它会损害肝脏，诱发肝癌，因此不

> 预防食物中毒重要的是注意食品卫生，低温存放食物严格消毒加热，不食变质的动植物和经化学物品污染过的食品。

能食用。食入一些化学物质如铅、汞、镉、氰化物及农药等化学毒品污染的食品可引起中毒。在食品中滥加营养素，对人体也有害，如在粮谷类缺少赖氨酸的食品，加入适当的赖氨酸，能够改善营养价值，对人有利。但若添加过量，或在牛奶、豆浆等并不需添加赖氨酸的食品中添加，就可能扰乱氨基酸在人体内的代谢，甚至引起对肝脏的损害。一经发现食物中毒的患者应及时送医院诊治。

 讲解——吃什么容易食物中毒？

◆吃了蚊蝇污染的食物会引起食物中毒

并不是人吃了细菌污染的食物就马上会发生食物中毒，细菌污染了食物并在食物上大量繁殖达到可致病的数量或繁殖产生致病的毒素，人吃了这种食物才会发生食物中毒。因此，发生食物中毒的另一主要原因就是贮存方式不当或在较高温度下存放较长时间。食品中的水分及营养条件使致病菌大量繁殖，如果食前彻底加热，杀死病原菌的话，也不会发生食物中毒。那么，最后一个重要原因为食前未充分加热，未充分煮熟。

死神的助手——致病细菌

发生食物中毒后要学会自救

食物中毒一般具有潜伏期短、时间集中、突然暴发、来势凶猛的特点。据统计，食物中毒绝大多数发生在7、8、9三个月份。临床上表现为以上吐、下泻、腹痛为主的急性胃肠炎症状，严重者可因脱水、休克、循环衰竭而危及生命。因此一旦发生食物中毒，千万不能惊慌失措，应冷静地分析发病的原因，针对引起中毒的食物以及服用的时间长短，及时采取如下应急措施：

如果服用时间在1~2小时内，可使用催吐的方法。立即取食盐20克加开水200毫升溶化，冷却后一次喝下，如果不吐，可多喝几次，迅速促进呕吐。亦可用鲜生姜100克捣碎取汁用200毫升温水冲服。如果吃下去的是变质的荤食，则可服用十滴水来促使迅速呕吐。有的患者还可用筷子、手指或鹅毛等刺激咽喉，引发呕吐。

如果患者服用食物时间较长，一般已超过2~3小时，而且精神较好，则可服用些泻药，促使中毒食物尽快排出体外。一般用大黄30克一次煎服，即可缓泻。对老年体质较好者，也可采用番泻叶15克一次煎服，或用开水冲服，也能达到导泻的目的。

> 在治疗过程中，要给患者以良好的护理，尽量使其安静，避免精神紧张，注意休息，防止受凉，同时补充足量的淡盐开水。

◆用手刺激咽喉催吐

◆紫苏可解毒

"领先一步学科学"系列

117

与细菌作战

如果经上述急救，症状未见好转，或中毒较重者，应尽快送医院治疗。控制食物中毒关键在预防，搞好饮食卫生，严把"病从口入"关。

 小资料——细菌性食物中毒的预防

◆烹调食物要煮透

冷藏食品应保质、保鲜，动物食品食前应彻底加热煮透，隔餐剩菜食前也应充分加热。腌腊罐头食品，食前应煮沸6～10分钟。

控制细菌繁殖。主要措施是冷藏、冷冻。温度控制在2℃～8℃，可抑制大部分细菌的繁殖。熟食品在冷藏中做到避光、断氧、不重复被污染，其冷藏效果更好。

高温杀菌。食品在食用前进行高温杀菌是一种可靠的方法，其效果与温度高低、加热时间、细菌种类、污染量及被加工的食品性状等因素有关，根据具体情况而定。

 **拓展思考**

1. 为什么会发生食物中毒？
2. 食物中毒有哪些表现？
3. 食物中毒如何自救？
4. 吃哪些东西容易食物中毒？

死神的助手——致病细菌

恶魔的法宝——细菌武器

◆罪恶的细菌战

　　细菌就像是一把双刃剑，它对人类有许多有益的方面，但也有许多坏处。细菌做梦也没有想到，人们会用它做成对付自己同类的武器——细菌武器。细菌武器作为一种生物武器，是由生物（细菌）战剂及施放装置组成的一种大规模杀伤性武器。所谓生物（细菌）战剂是指用来杀伤人员、牲畜和毁坏农作物的致病性微生物及其毒素，主要是靠炮弹、炸弹、气溶胶发生器等施放装置进行施放。在抗日战争中，灭绝人性的日本侵略者就用它对付手无寸铁的中国百姓，行为令人发指。

细菌武器的血泪史

　　在人类战争史上，细菌武器的使用由来已久。最早使用细菌武器的实例，可追溯到1349年。鞑靼人围攻克里米亚半岛上的卡法城时，由于城坚难摧，攻城部队又受到鼠疫大流行的袭击，他们便把鼠疫死者的尸体从城外抛到城内，结果使保卫卡法城的许多士兵和居民染上鼠疫，不得不弃城西逃。

　　1763年，英国殖民主义者企图侵占加拿大，但遭到土著印地安人的顽强抵抗。

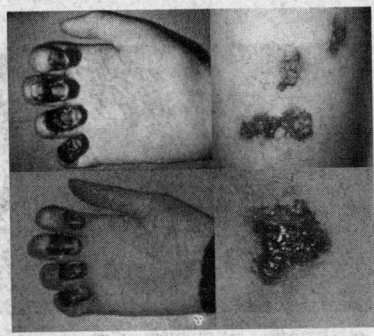

◆鼠疫可以致命，全世界曾有三次鼠疫大流行

与细菌作战

◆日本侵略者用中国人进行细菌武器的研究

◆731部队细菌战诉讼团代表和日本声援者在日游行

◆为了记住那段屈辱的历史，我国成立了专门的细菌战纪念馆

一个英军上尉根据他们驻北美总司令杰弗里·阿默斯特的命令，伪装友好，以天花患者用过的被子和手帕作为礼物赠送给印地安人首领，以示安抚，结果在印地安人中引起天花大流行而丧失战斗力，使英国侵略者不战而胜。

由于细菌武器如此"神威"，因而备受侵略者的"偏爱"。他们不惜代价，不择手段地从事细菌武器的研究。

1935年，日本侵略者在我国哈尔滨附近的平房镇建立了一支3000人的细菌部队，这就是臭名昭著的731部队，专门从事细菌武器的研制。每月能生产鼠疫菌300千克、霍乱菌1000千克、炭疽菌500～600千克，并用中国人做活体试验，仅1940～1943年就使3000多人惨遭杀害。

美国研制生物武器，是从1941年开始的。1943年在马里兰州狄特里克堡建立了陆军生物研究所，从事生物武器的研制。根据美公开的记录报告透露，1971～1977年间美国每年用于生物战的经费都在1000万美元以上，并有专门生产细菌武器的研究所、实验场、工厂和仓库。朝鲜战争期间，美国先后使用生物（细菌）武器达3000多次，攻击目标主要是我国东北各铁路沿线的重要城镇如沈阳、长春、哈尔滨、齐齐哈尔、锦州、山海关、丹东等，以及朝鲜北部的一些主要城镇。

死神的助手——致病细菌

尽管如此,由于细菌武器作用慢,且受到自然条件的严重制约,所以,只要我们积极防御,预防为主,发动群众,坚持开展爱国卫生运动,是完全可以战胜细菌武器的。1952年,中朝人民齐心协力,最终粉碎了美帝国主义的细菌战,就是一个很好的先例。

世界末日武器

一些国家利用基因工程技术,将两种病毒的DNA进行重组,从而研制出比任何一种病毒更为凶恶的瘟神——超级病毒。这种病毒具有很大的传染性和很高的致病率。如将基因武器投入对方水系,可使整个流域的居民丧失生活能力和生殖能力,这比核弹的杀伤力更大得多。因而有人称为"世界末日武器"。

国际上早在1925年的日内瓦会议上就订立了禁止使用化学武器的协议书,其中就有在战争中"禁止使用细菌之类的生物武器"的条文。但生物武器的使用和研究并没有因此作罢。事实上,时至今日一些国家仍在秘密进行细菌武器的研制。近年来,由于遗传工程技术的迅速发展,一些潜在危险性更大的基因武器也相应问世。

可怕的细菌武器

细菌武器之所以受到一些国家,特别是侵略者的青睐,主要是因为它具有以下特点:①面积效应大。10吨生物战剂的杀伤面积比100万吨级核武器的杀伤面还要大10倍以上。②传染性强。有些生物战剂所引起的疾病传染性很强,如鼠疫杆菌、霍乱弧菌和天花病毒等,在一定条件下,能在人和人之间或人与家畜之间互相传染,造成大流行。

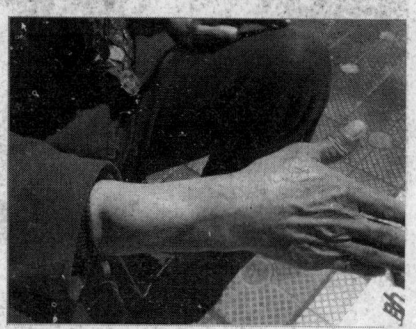

◆细菌战留给人们的伤痛

③危害时间长。有些生物战剂对环境有较强的抵抗力,如伤寒和副伤寒杆

与细菌作战

菌在水中可存活数周。能形成芽孢的炭疽杆菌在外界可存活数年。④侦察发现难。细菌武器与原子武器不同,施放时不存在闪光和冲击波,再加上气溶胶无色无味,并且可在上风向使用,借风力飘向目的地,所以不易被侦察发现。⑤种类多样化。生物战剂的潜伏期有长有短,传播媒介复杂多样,途径千差万别,因此可适应不同的情况和军事目的。⑥选择性强。细菌武器只能伤害人、畜和农作物,而对于无生命的物质(如生活资料、生产资料、武器装备、建筑物等)则没有破坏作用,这符合侵略者利用它达到掠夺财富的目的。

> 尽管使用细菌武器会遭到世界公众舆论谴责,但对于可能出现的更高级的生物武器——基因武器,应引起人们的高度警惕!

 小资料:日本化学战细菌战之魁——石井四郎

◆日本731部队负责人——石井四郎

石井四郎,一个极端国家主义者、疯狂的法西斯主义分子。1928年8月后赴西方考察,研究细菌战。1930年回国后竭力鼓吹细菌战,从而得到日本军部的赞赏和支持。从1932年起,直至日本投降,石井四郎就一直领导着侵华日军属下的细菌战部队,其中10年时间在第731部队任职,1941年8月被调到南京担任第一军军医部长,这座"杀人工厂"后来发展到18个支队,分布在日军占领下的中国各地,太平洋战争爆发后又扩展到缅甸仰光和新加坡、马尼拉等地,每个支队120人～500人,形成了一个巨大的细菌战网络系统。日本军部鉴于石井四郎在细菌战方面取得了"惊人成就",每隔三年就提升他一次,最后晋升为中将军衔,并得到过日本裕仁天皇颁发的高级勋章和通令嘉奖。

死神的助手——致病细菌

四种细菌性生物战剂

炭疽芽孢杆菌

炭疽在世界上分布非常广泛，炭疽芽孢杆菌生存在土壤之中，高度耐热，非常不易死亡，容易获得。它不需要特殊培养条件，很容易生产，容易保存，培养出的细菌随便扔在什么地方，几十年不会死亡，极其容易施放。一些国家至今仍继续研究和发展炭疽武器，并作为战略性生物武器。炭疽的大面积污染极难清除，它能给一个国家的经济造成严重的甚至是永久性的损害。

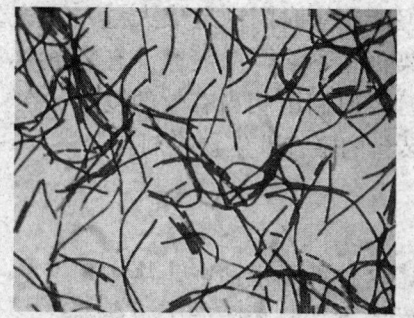
◆对人类危害极大的炭疽芽孢杆菌

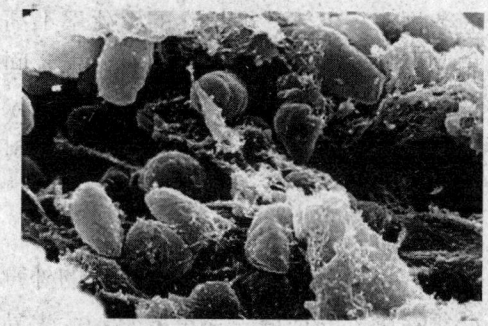
◆电子显微镜下的耶尔森菌

鼠疫

耶尔森菌引起的鼠疫是人类历史上最可怕的传染病，鼠疫菌主要在啮齿动物和其寄生的蚤类间循环传播。鼠疫菌作为生物战剂的历史悠久。鼠疫菌容易生长，生产并不困难，但储存和施放较为困难，使用的方式有喷洒、释放感染的鼠类和昆虫等。鼠疫菌一旦施放之后，作战的后果特别不易掌握，鼠疫有可能在当地的啮齿动物中固着下来，不仅给敌方带来很大

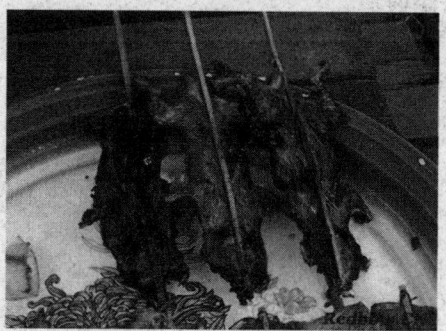
◆在我国的一些地方，流行吃老鼠肉，这是一个非常不好的习惯，因为老鼠可以传播疾病

123

 与细菌作战

麻烦,也可能由于啮齿动物的迁徙,把鼠疫传回己方区域。鼠疫的疫苗效果至今仍不理想。

土拉弗朗西斯菌

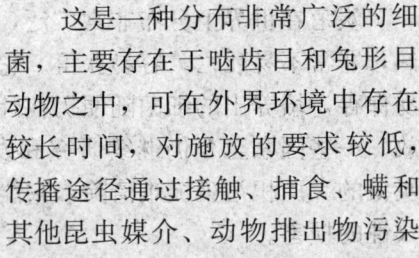

由于杀伤作用不是来源于细菌,抗生素无效,如果无法得到特异性抗血清,中毒的患者基本上无法救治。

这是一种分布非常广泛的细菌,主要存在于啮齿目和兔形目动物之中,可在外界环境中存在较长时间,对施放的要求较低,传播途径通过接触、捕食、螨和其他昆虫媒介、动物排出物污染的杂物和灰尘等。虽然它的致死率不高,但能在短时间内造成大量人员发病。更重要的是,许多国家对该患者间感染报道不多,一般均没有装备疫苗。相反,在准备进行生物战争的国家,已经研制出相当有效的疫苗,在美、俄等一些国家中,这种细菌属于制式装备的骚扰性生物战剂。

肉毒毒素

这是一种梭状芽孢杆菌产生的外毒素,这种细菌生活在土壤中,细菌必须在厌氧的环境中大量繁殖,产生高浓度的毒素,才能产生致命的毒害作用,腐败的肉类中最容易造成这种细菌的繁殖环境。毒素生产出来后,较易保存,也易于施放。肉毒毒素也是现代生物作战的武器库中的制式武器。

 拓展思考

1. 细菌武器有哪些危害?
2. 常用的细菌武器有哪些?
3. 哪些国家曾经对中国发动过"细菌战"?
4. 肉毒毒素对人体的危害有哪些?

小天使,让生活更美好
——人类的好帮手

  提起细菌,人们总是首先想到疾病,细菌导致了破伤风、伤寒、肺炎、霍乱和结核。在植物中,细菌导致叶斑病、火疫病和萎蔫。当然,细菌也有有益的一面。最早是弗莱明从青霉菌抑制其他细菌的生长中发现了青霉素,这对医药界来讲是一个划时代的发现。后来大量的抗生素从放线菌等的代谢产物中筛选出来。抗生素的使用在第二次世界大战中挽救了无数人的生命。一些细菌被广泛应用于工业发酵,生产乙醇、食品及各种酶制剂等;一部分微生物能够降解塑料、处理废水废气等,并且可再生资源的潜力极大,称为环保微细菌……

  细菌带来哪些好处和危害呢?请看本篇精彩内容。

小天使，让生活更美好——人类的好帮手

人体处处需要我
——寄居人体的正常菌群

正常人体的体表及与外界相通的腔道中，都存在着不同种类和数量的微生物。在正常情况下，这些微生物对人类无害，成为正常菌群。正常菌群不仅与人体保持平衡状态，而且菌群之间也相互制约，以维持相对的平衡。在这种状态下，正常菌群发挥其营养、拮抗和免疫等生理作用。某些因素破坏了人体与正常菌群之间的平衡，正常菌群中各种细菌的数量和比例发生变化时，会发生菌群失调。

其实你的体内有细菌

虽然呱呱落地的婴儿体内几乎是无菌的，但离开母体后，就同周围富含微生物的自然环境密切接触，因而体表皮肤和与外界相通的口腔、上呼吸道、肠道、泌尿生殖道等黏膜及其腔道寄居着不同种类和数量的微生物。这些微生物中有相当一部分是会引起疾病的，但是我们称它们为正常菌群，因为这些寄生物在正常情况下与宿主相安无事，互相适应，而且各种微生物之间也相互制约而保持一个彼此共存的状态。

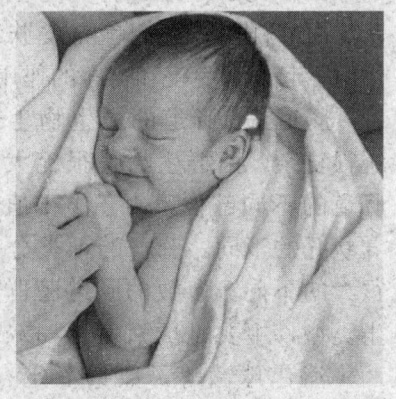

◆刚刚出生的婴儿体内没有细菌

任何一种自然界的生物，如果体内连一个微生物细胞都没有是不可能的，除非采取特殊的办法繁殖。多汗的地方，例如腋窝和脚趾缝里微生物也多，通常所说的汗臭味就是由微生物分解汗液造成的。婴儿臀部常容易出现湿疹，这不是因为尿本身刺激皮肤所致，而是由于细菌在残

与细菌作战

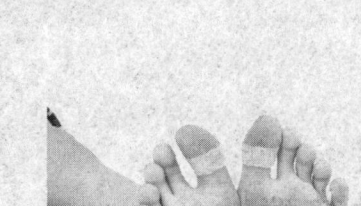
◆你的脚趾缝里有细菌存在

留尿液中生长并产生氨气引起的。因为氨气对皮肤有强烈刺激性。当长期不洗澡或洗脸不认真时，就可能由细菌或真菌在身上或脸上引起皮疹、发炎，继而流出大量的脓和污物。皮肤大面积烧伤或黏膜破损时，葡萄球菌便会侵袭创伤面而大量繁殖，引起创伤发炎溃烂；当机体着凉或疲劳过度时，在健康人的呼吸道一定能分离到的，造成典型肺炎的肺炎链球菌便会引起咽炎和扁桃体炎。

细菌寄居的场所

皮肤——皮肤表面的微生物群落是人体的第一道屏障，主要有葡萄球菌、类白喉棒状杆菌、绿脓杆菌、丙酸杆菌。它们参与皮肤细胞代谢，起到了免疫和自净的作用。

肠道——肠道的微生物生态系统很复杂，菌群生物量很庞大。在肠道的不同部位，由于pH值、营养状况的不同，菌群的种类分布有很大的不同。多数的肠道菌群属共生类型，主要是厌氧菌，如双歧杆菌、消化球菌等，数量恒定存在，具有合成维生素、蛋白质、生物拮抗等生理作用，起到保持宿主健康的作用。有一部分致病菌数量很少时在生理平衡状态是不会危害宿主的，但如果数量超出正常水平就会

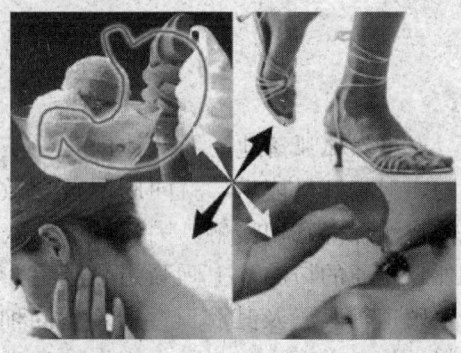
◆细菌寄居的场所

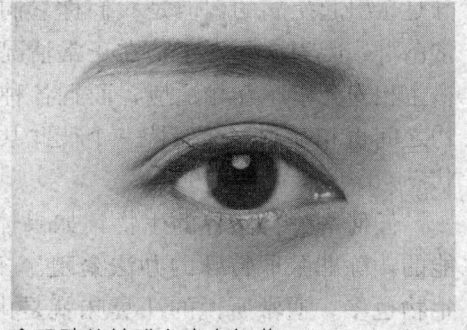
◆眼睛的结膜上也有细菌

小天使，让生活更美好——人类的好帮手

致病。还有一类是介于这两种类型之间的，如大肠埃希菌、链球菌等，它们能产生毒素，具有生理作用和致病作用两方面。

> 龋病是牙齿腐坏的一种常见形式，可能主要是由于正常菌群的稳定性被破坏而使某些厌氧细菌造成的。

阴道——阴道的生态系统常驻菌有乳杆菌、表皮葡萄球菌、大肠埃希菌等。乳杆菌粘附在阴道黏膜上皮细胞上，可产生酸性生存环境，对大肠埃希菌、类杆菌、金黄色葡萄球菌有拮抗作用。

> 阴道的卫生对于保护自身健康和胎儿在妊娠期的卫生有着重要的意义，它是一道重要的生物屏障。

人体内的细菌有什么作用？

生物体内多数组织器官都是无菌的，正常菌群中的细菌偶尔少量侵入这些部位是能被机体的自身免疫所应对的。但如果正常菌群与宿主间或正常菌群各菌种间的平衡被打破，就会出现菌群失调，致病作用就会显著，严重者引起二重感染。这种状况往往是由于长期大量使用抗生素、免疫抑制剂等外来因素引起的。

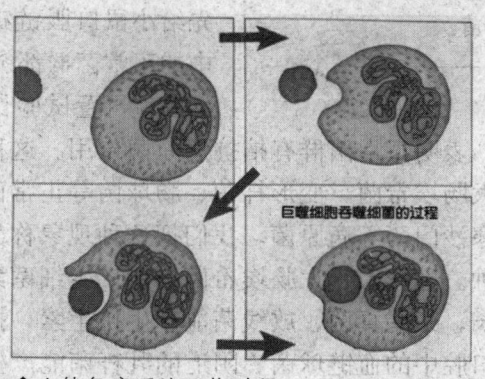

◆人体免疫系统工作过程

与细菌作战

当正常菌群与人体处于生态平衡时,菌群在它们寄居的人体部位获取营养进行生长繁殖,而宿主也能从这些寄生在他们身上的细菌中得到多种好处。一般来说,有以下几方面。

◆细菌有抗衰老作用

营养作用——正常菌群的营养来自宿主组织细胞的分泌液、脱落细胞,以及某些腔道中的食物碎屑和残渣等。菌群的代谢产物除供给细菌自身利用外,一部分可以被宿主吸收利用。

免疫作用——正常菌群的细胞中,有许多成分可以促进宿主免疫器官的发育成熟。有学者曾经做过实验,他们把刚孵化出来的小鸡分成两组:一组放在没有细菌的环境中生活,成为无菌鸡;另一组让它们正常生活,即带菌鸡。结果发现无菌鸡的小肠的淋巴结都要比普通带菌鸡的少80%左右。

> 肠道正常菌群中,99%以上是厌氧菌,它们依靠其数量上的绝对优势,在营养竞争方面压倒处于劣势的需氧性病原菌。

生物拮抗作用——将活的鼠伤寒沙门菌喂给小鼠,如果要使小鼠发病死亡,需要10万个细菌;如果先给小鼠口服链霉素,把小鼠肠道中的正常菌群都杀死,则只要10个活菌就可置试验鼠于死地。两者菌量竟相差1万倍,表明正常菌群有拮抗病原菌作用。这种现象在人类中也可以见到,例如大肠埃希菌、变形杆菌、肠球菌等正常菌,可以抵抗引起痢疾和伤寒的伤寒沙门菌等病原菌。我们把这种现象称为生物拮抗。生物拮抗的方式有多种。乳杆菌、大肠埃希菌等能产生细菌素,可以抑制一些肠道病原菌的生长;某些真菌、放线菌能产生抗生素,抑制或杀死不同种的敏感病原菌;口腔中的血链球菌、阴道的乳杆菌能产生具有杀伤作用的过氧化氢。

小天使，让生活更美好——人类的好帮手

抗衰老作用——现在一般认为，衰老是由于体内积累了过多的自由基。双歧杆菌、乳杆菌、肠球菌等肠道正常菌群产生的超氧化物歧化酶（SOD），可以催化宿主体内自由基的歧化反应，消除自由基毒性，保护细胞免受活性氧的损伤，因此具有一定的抗衰老作用。

 拓展思考

1. 你身上有细菌吗？
2. 细菌喜欢寄居在人体的哪些部位？
3. 人体内的细菌有什么作用？
4. 人体内的细菌都会导致疾病吗？

与细菌作战

人的健康少不了我——肠道益生菌

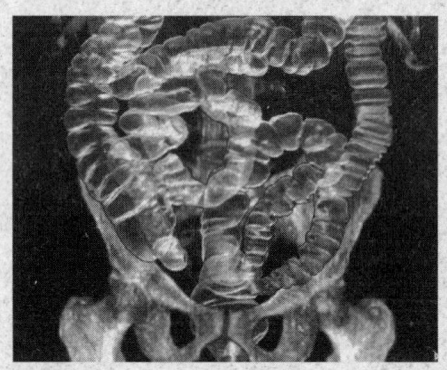

◆肠道里有许多细菌

人体肠道中有数百个种群，重量可达一千克左右，这些细菌存在于特定的空间及时间，在数量上维持一定的比例，与人体相互依存，构成了人体肠道微生态系统。正常情况下，肠道细菌与机体处于动态平衡状态，一旦这一状态遭到破坏，就造成微生态失衡，表现为细菌种群数量及比例上的改变（菌群失调）和（或）细菌空间上的转移（移位或易位），导致各种疾病的发生及发展。

肠道细菌的平衡

大家都知道，我们的肠道内生存着大量的有益菌，它们对维护人体健康有着重要的作用。那么，这些肠道细菌的作用是什么呢？让我们一起来学习一下吧。

大肠中物质的分解也多是细菌作用的结果，细菌可以利用肠内较为简单的物质合成维生素B族和维生素K，但更多的是细菌对食物残渣中未被消化的糖类、蛋白质与脂肪的分解，所产生的代谢产物也大多对人体有害。大肠中的细菌来自于空气

◆肠道细菌有妙用

小天使，让生活更美好——人类的好帮手

和食物，它们依靠食物残渣而生存，同时分解未被消化吸收的蛋白质、脂肪和糖类。蛋白质首先被分解为氨基酸，氨基酸或是再经脱羧产生胺类，或是再经脱氨基形成氨，这些可进一步分解产生苯酚、吲哚、甲基吲哚和硫化氢等；糖类可被分解产生乳酸、醋酸等低级酸以及CO_2、沼气等；脂肪则被分解产生脂肪酸、甘油、醛、酮等，这些成分大部分对人体有害，有的可以引起人类结肠癌，故促进排便的可溶性膳食纤维，可加速这些有害物质的排泄，缩短它们与结肠的接触时间，有预防结肠癌的作用。

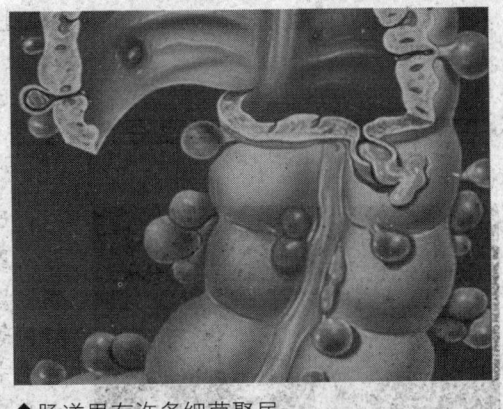

◆肠道里有许多细菌聚居

> 如果免疫系统没有任务，则免疫器官的发育会很差，只有在微生物等因素的刺激下，这些器官才会快速发育成熟。

但大肠内的细菌也有不可替代的作用，一是可以促进人体免疫系统的发育，与其他细胞不同的是，免疫细胞类似于新兵，其战斗能力的提高可以源于训练，也可以源于实战，但实战会付出相当的代价。同样，感染性疾病尽管也能促进免疫系统的发育，但会造成人体的伤害。肠道细菌的第二个功能是分解蛋白质，这里我们所说的不是食物的剩余蛋白质，而是完成消化任务后的酶类，这些酶如果不被分解，遇到没有黏液保护的器官如肛门，结果可想而知。细菌的第三个作用是利用食物残渣合成B族维生素和维生素K，特别是以植物性食物为主的人群。因为B族维生素是利用糖类合成的，而维生素K是利用叶绿素合成的。

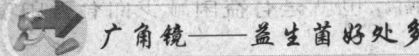

广角镜——益生菌好处多

国外比较重视益生菌，其中一个主要的目的是在卫生状况越来越好的今天，

与细菌作战

人们的免疫力普遍下降,而益生菌既能促进免疫系统的发育,又不引起疾病。

讲解——人们需要补充益生菌吗?

◆补充益生菌要因人而异

这是个见仁见智的问题。正在进行化疗或器官移植的患者,由于免疫系统受抑制,医生多不建议患者服用乳酸菌、双歧杆菌等益生菌补充剂。在医学上,益生菌补充未有证明具医药用途,但它可当保健食品,协助食物消化发酵(如部分糖类)。益生菌可助食物消化,间接使通便顺畅,减少了食物渣滓中的致癌物质残留在体内的时间。在饮食上,人们平时应注重低脂高纤,减少煎炸食物,促进大便成形,增加肠道蠕动,才是改善肠道健康的关键。年龄超过50岁者,应每年定期进行肠癌普检,确保肠道健康。

爱护您的肠道菌群

人体是一套运作的精密机器,寄宿在肠道的细菌超过400种,数量更是以百兆计。这些细菌与人类维持着微妙的共生关系,虽然有部分对身体有害,但也部分对身体健康是很有帮助的。现代人因滥用抗生素、工作压力大、生活紧张、环境污染、不均衡的饮食和缺乏运动等因素影响下,体内细菌丛生态日趋失去平衡,也就是有益菌减少而有害菌增加,连带造成抵抗力减弱,健康受损。

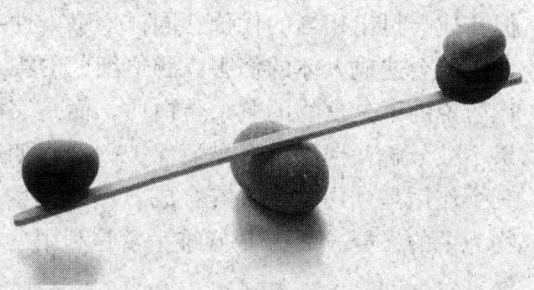

小天使，让生活更美好——人类的好帮手

 讲解——活性菌才起保健作用

含有益生菌的酸奶或乳酸菌饮料，其起保健功能的主要是在"活"性菌。但是，人们喝了含有这些"活"性菌的饮品之后，有多少量的"活"性菌能存活到进入大肠并定居下来？它的"活"是在什么温度、什么时间段里能保存下来，就很有考究。

含有益生菌的饮品被人体喝下后，它需经过胃液才能到达大肠，而胃液是一个高酸环境，部分益生菌缺乏耐酸

◆活性菌才起保健作用

性，难以抵抗胃液的强酸作用，根本无法到达肠道发生作用。那么，怎样保证更多的活性菌能"活"着到达大肠呢？这除了要求菌种质量外，菌量也是很需要的。因此，根据国际标准，要求活性菌乳酸饮料在成品时，需内含 1×10^7 个乳酸菌，目前我国的标准是稍低的，只要求 10^6 个乳酸菌。

人体内的健康"卫士"

嗜酸乳杆菌

嗜酸乳杆菌是一种有益菌，也是对健康有良好辅助作用的微生物。在20世纪，科学界和医学界对这种菌株进行了广泛的研究，发表了它提升免疫系统功能和有益健康的许多报告及著作。它生活在肠道内层的最上一层，能帮助宿主防范有害菌如大肠埃希菌、伤寒沙门菌、葡萄球菌C和产气荚膜梭状芽孢杆菌的伤害。因此，它能有效降低肠道中的有害菌滋生。日常食物的蛋白质会产生毒素和造就有害菌繁殖，肠道中的嗜酸乳杆菌会抑制这些有害菌的作用，从而消除宿主对食物的敏感和防止消化道炎症。

与细菌作战

酪酸乳杆菌

酪酸乳杆菌同样可以活化免疫系统,被公认为一种免疫性的益生菌。据世界各地科学家的多项研究显示,这些微小的细菌,在感染难辨梭状芽孢杆菌的疾病如结肠炎等的生物体中,成功援救它们的生命。其他的研究也显示,这些细菌有能力抑制化学物质衍生的瘤,同时也压制化学致癌物质的螯合。属于乳酸菌族群的酪酸乳杆菌,能在肠道中快速地建成一个酸性的繁殖环境来消除毒素,让厌氧性的双歧杆菌可以稳定和安全的滋生。因此,这菌群对于婴儿和老年人的健康,扮演了重要的角色。与其他乳酸菌比较,酪酸乳杆菌拥有更佳的抗胆碱能力,使得它们可以在消化过程中生存。此外,酪酸乳杆菌有更佳的消化糖类的能力。

◆肠道菌群紊乱,会导致许多疾病

双歧杆菌

双歧杆菌普遍存在于婴儿和成人的消化系统中。它在人体中扮演消化、抗衡疾病的角色,最重要的是它帮助强化人体的排毒作用。它能削弱糖类和改善其衍生物质如β-葡糖醛酸酶的密度。此外,双歧杆菌还可以治疗抗生素引发的腹泻。它也能中和及排除毒素。它的机制包括创造酸性环境来扫除亚硝酸盐和含氮物质。

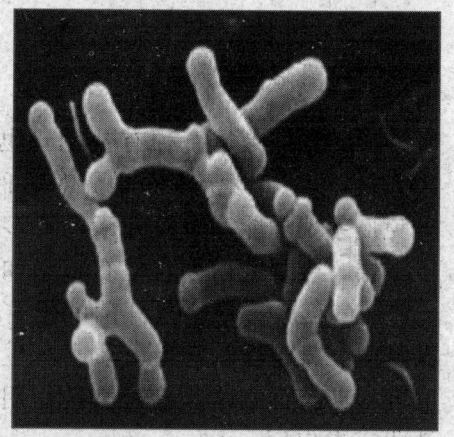

◆双歧杆菌长得像树枝一样有分叉

小天使，让生活更美好——人类的好帮手

广角镜——儿童不宜喝过多益生菌酸奶

市面上许多酸奶都会在产品包装的显著位置标明一定单位内的活性益生菌数量。那么，益生菌是不是越多越好呢？其实不然。专家指出，人体自身有调节能力，可调配菌群之间的平衡。而益生菌又是对身体有益的细菌，所以理论上多吃是没有关系的。但每个人的体质也有所不同，所以，还是以自身感受为准。

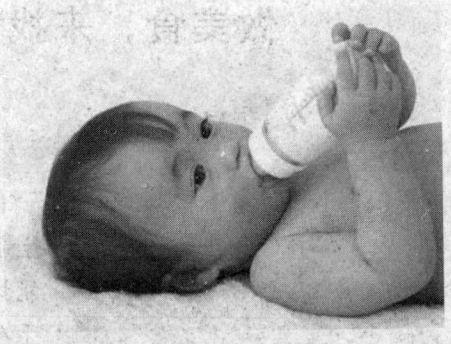
◆儿童不适合喝酸奶

有专家认为，益生菌酸奶较适合老年人，而儿童则不宜喝得过多。中老年人特别适合喝酸奶，因为他们肠道中的益生菌就比较少了，喝些酸奶正好可以弥补这方面的不足。患者有慢性肠道炎症的人，也较为适合喝酸奶，尤其是有胃部胀气，患有萎缩性胃炎和慢性肥厚性胃炎的人。不过，儿童对益生菌的需求量并不是很多，因为他们正处在发育中，无需太多的"外力"。如果喝太多，反而对娇弱的肠胃产生不良影响。

拓展思考

1. 肠道里有细菌吗？
2. 肠道里的细菌到底起什么作用？
3. 肠道细菌有哪些？
4. 人类的肠道里有细菌，为什么不生病呢？

做美食，来找我——细菌发酵

◆发酵食品好处多

微生物在地球上数量无疑超过其他的生命体，并且，凡是有生物存在的地方都能找到主动或被动地生活着的微生物。由于人类所处的环境到处可以找到细菌、酵母和真菌，因而可以预料，这些微生物与其他生物体一道进行着为获取生存所需能量的直接竞争。人类也必须与地球上所有其他生物体进行竞争。为了保证自己的食物供给，人类必须干预自然过程。人类通过研究，通过控制和促进微生物的生长来制造和保藏食物。

细菌与发酵

尽管直到一个世纪前才认定微生物是食物腐败的重要因素，而酿造葡萄酒、烘烤面包、制作奶酪和腌制食品则已进行了4000年。在那些年代里，人类曾利用不知道的、看不见的活性生物从事于食品制作与保藏的实践。其实这些都离不开发酵这个过程，其中起关键作用的是细菌等微生物。

细菌发酵是利用细菌的特殊代谢途径，把原料转化为目标产物的生物学过程。细菌发酵分为厌氧和需氧两种，发酵方式也有很多，产物丰富，种类多，应用广，发酵细菌结构简单，有众

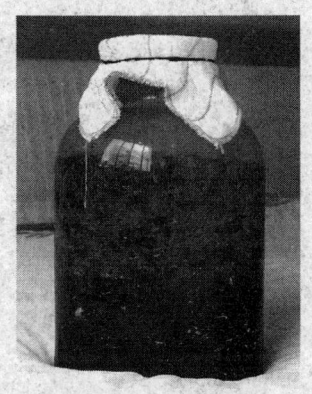
◆葡萄酒制作过程中的发酵现象

小天使，让生活更美好——人类的好帮手

多的特殊代谢途径，使得其食谱更粗犷，原料成本更便宜，对环境也敏感，易于改良菌种，目前应用最广的也是研究最深入的就是大肠埃希菌。

发酵这个词本身经历了演变。在发现酵母以前，这个词被用来描述葡萄酒生产中出现的发泡和沸腾现象。而在巴斯德的发现之后，这个词便变成与微生物活动联系起来的词来使用，后来又与酶的活性联系起来。现今，这个词甚至被用来描述细胞活动过程中二氧化碳气体的放出。但是，对于无气体释放的发酵和仅由酶来完成的发酵作用来说，气体的放出和活动细胞的存在都不是必要的。

◆馒头里的空洞就是在发酵过程中产生的二氧化碳形成的

> 发酵和腐败有明显区别。发酵是对糖类的一种分解作用；腐败作用则涉及微生物对蛋白性物质的全面综合的作用。

发酵过程通常不放出腐烂的气味，而且通常产生二氧化碳。用于发酵的微生物的显著特点是产生大量的酶。以单细胞存在的细菌、酵母和真菌，其单个细胞中就具有生长、繁殖、消化、吸收和修复的功能，而在生命的高等形态中，这些功能分配给组织。因此可以预料，完全的单细胞生物体（例如细菌、酵母等）具有比其他生物体更高的产酶和发酵能力。

醋酸杆菌与醋

参与醋酸发酵的微生物主要是细菌，统称为醋酸细菌。它们之中既有需氧性的醋酸细菌，例如纹膜醋酸杆菌、氧化醋酸杆菌、巴氏醋酸杆菌、氧化醋酸单胞菌等；也有厌氧性的醋酸细菌，例如热醋酸梭菌、胶醋酸杆菌等。

需氧性的醋酸细菌进行的是需氧性的醋酸发酵，在有氧条件下，能将乙醇直接氧化为醋酸，是醋酸细菌的需氧性呼吸。需氧性的醋酸

 与细菌作战

◆制作食醋使用的大缸

发酵是制醋工业的基础。制醋原料或酒精接种醋酸细菌后，即可发酵生成醋酸发酵液供食用，醋酸发酵液还可以经提纯制成一种重要的化工原料——冰醋酸。厌氧性的醋酸发酵是我国用于酿造糖醋的主要途径。

 知识窗

醋酸杆菌

醋酸杆菌是一类能使糖类和酒乙醇氧化成醋酸的短杆菌。醋酸杆菌不能运动，需氧，常存在于醋和醋的食品中。工业上可以利用醋酸杆菌酿醋，制作醋酸和葡萄糖酸等。

小资料：用水果也能做醋——果醋

果醋是以水果，包括苹果、山楂、葡萄、柿子、梨、杏、柑橘、猕猴桃、西瓜等，或果品加工下脚料为主要原料，利用现代生物技术酿制而成的一种营养丰富、风味优良的酸味调味品。它兼有水果和食醋的营养保健功能，是集营养、保健、食疗等功能为一体的新型饮品。科学研究发现，果醋具有多种功能。

果醋能促进新陈代谢，调节酸碱平衡，消除疲劳，果醋具有降低胆固醇的作用，可提高机体的免疫力，具有防癌抗癌作用。

◆风味独特的果醋

小天使,让生活更美好——人类的好帮手

实验——自制苹果醋

◆制作苹果醋

1. 苹果洗净擦干去子,带皮切薄片。
2. 找个可以密封的玻璃罐,高温杀菌后风干。
3. 然后一层苹果片,一层冰糖……依次叠加至罐满,再倒入米醋、陈醋都可以的,封盖,为了更好地密封,可以在盖下加一层保鲜膜。
4. 放阴凉干燥处1~3个月即可食用。

乳酸菌与酸奶和泡菜

乳酸菌指发酵糖类主要产物为乳酸的一类无芽孢、革兰染色阳性细菌的总称。

凡是能从葡萄糖或乳糖的发酵过程中产生乳酸菌的细菌统称为乳酸菌。这是一群相当庞杂的细菌,目前至少可分为18个属,共有200多种。除极少数外,其中绝大部分都是人体内必不可少的且具有重要生理功能的菌群,广泛存在于人体的肠道中。目前已被国内外生物学家所证实,肠内乳酸菌与健康长寿有着非常密切的直接关系。

◆长寿饮品——酸奶

早在20世纪初,俄国著名的生物学家梅契尼柯夫在他获得诺贝尔奖的"长寿学说"里已明确指出,保加利亚的巴尔干岛地区居民,日常生活中经常饮用的酸奶中含有大量的乳酸菌,这些乳酸菌能够定植在人体内,有效地抑制有害菌的生长,减少由于肠道

与细菌作战

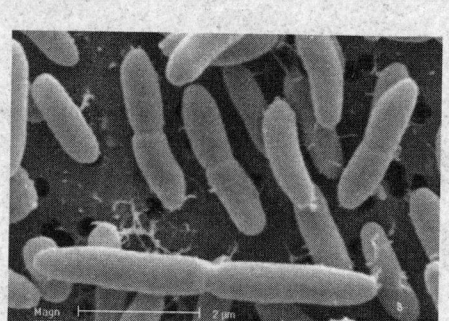
◆电子显微镜下乳酸菌的形态

内有害菌产生的毒素对整个机体的毒害，这是保加利亚地区居民长寿的重要原因。这个具有划时代意义的"长寿学说"，为人类利用乳酸菌生产健康食品开创了新纪元。今天，利用乳酸菌生产的食品已经一跃成为全世界关注的健康食品。

当被问及使用乳酸菌制造出的食品有哪些时，人们首先想到的是酸奶。

所谓乳酸，和醋酸相同，是属于"羧酸"的一种酸。当乳酸菌制造出乳酸时，周围的环境就变成酸性了。于是，怕酸的其他细菌就不能繁殖。因此，发酵食品一般都不易变质。

此外，其实还有很多食品制造时也用了乳酸菌。例如，黄酱、酱油、泡菜等食品都离不开乳酸菌。

 实验——制作酸奶

将牛奶烧开，倒入洗净不带油渍的容器内，待牛奶放至温热时，将一小盒原味酸奶倒入搅匀，盖上容器盖，夏天放置8小时左右就做成了。酸奶做成后放入冰箱冷藏室内，吃起来效果更好，同时酸奶不至于越变越酸。

◆制作酸奶很简单

小天使，让生活更美好——人类的好帮手

 链接：谷氨酸棒状杆菌可以做味精

在发酵世界里，还居住着一些"能工巧匠"，可使淀粉变成谷氨酸，它们就是细菌类的谷氨酸棒状杆菌，从此味精的生产便由化学法转向了发酵法。从20世纪60年代开始，我国的味精生产也逐渐改成了细菌发酵法。利用细菌发酵法，生产1吨味精仅用3吨淀粉和少量的硫酸铵、尿素、氨水等。谷氨酸棒状杆菌（是需氧细菌，可用于微生物发酵工程生产谷氨酸来制取谷氨酸钠（味精），谷氨酸棒状杆菌在发酵过程中要不断地通入无菌空气，并通过搅拌使空气形成细小的气泡，迅速溶解在培养液中（溶氧）；在温度为30℃～37℃，pH为7～8的情况下，经28～

◆味精是现代人烹调时不可或缺的调味料

32小时，培养液中会生成大量的谷氨酸。在谷氨酸生产中，培养基中碳氮比为4∶1时，菌体大量繁殖而产生的谷氨酸少；当碳氮比为3∶1时，菌体繁殖受抑制，但谷氨酸的合成量大增。在发酵过程中，当pH呈酸性时，谷氨酸棒状杆菌就会生成乙酰谷氨酰胺；当溶氧不足时，生成的代谢产物就会是乳酸或琥珀酸。

 拓展思考

1. 列举一些你身边的发酵食品？
2. 酸奶是怎样做出来的？
3. 怎样做醋？
4. 自己动手来做酸奶吧。

与细菌作战

化害为利——细菌污水处理

在20世纪初，由于全球人口密度还不高，现代大工业也未普遍出现，因而那时的污水浓度很低、数量也较小。这些污水排放到环境中，自然生态系统能够正常地发挥它们的调节功能，靠自然界微生物的分解就可以达到自动处理。但在人口密度提高，工业发达后，污水浓度和排放量不

◆污水影响了我们的生活

断增加。自然界微生物的分解自动处理已经不可能了。这就必须进行人工处理。于是，细菌污水处理就诞生了。

细菌可以处理污水

◆松花江污水带

细菌可以分解污水中的有机物，如各种有机酸、氨基酸等，可以作为细菌的食物，将有机物分解成二氧化碳和水，使污水得到净化。城市的污水处理厂可以根据这样的原理，利用细菌净化生活污水和工业废水。2009年我国废水的年排放量已经达到589.2亿吨，这样巨大数量的废水排放到江河湖海中，靠自然界微生物的分解自动处理已经不可能了。这就必须进行人工处理。当前我国虽然有些地方对废水进行了一定程度的处

小天使，让生活更美好——人类的好帮手

理，但也只是其中的一小部分，绝大部分废水未经处理或初步处理就直接排放，污水中的各种指标还远远高于国家规定的排放标准。所以目前我国的各大流域和各大湖泊、海洋水域都存在不同程度的污染。

广角镜——悬浮细胞法污水处理

◆北京高碑店污水处理厂的氧化池

北京高碑店污水处理厂的氧化池就是采用此方法。在这样的处理系统中，微生物细胞悬浮在所需处理的污水中，而不是形成"生物膜"那样被固定起来。例如，氧化池即是经典的悬浮细胞污水处理系统。氧化池的效率较低，并需要较大的空间位置，氧化有机物所需的氧气来自于藻类的光合作用，主要通过扩散而被其他微生物吸收利用。这种系统中氧化作用通常不完全，因而常常产生较大的臭味。由于它是一个开放系统，所以它的处理效率受季节温度波动的影响很大，这种处理系统只能在温暖的地方使用。

污水是如何变成清洁水的？

污水处理是处理水污染的重要过程。采用物理、生物及化学的方法对工业废水和生活污水进行处理以分离水中的固体污染物并降低水中的有机污染物和富营养物（主要为氮、磷化合物），从而减轻污水对环境的污染。

典型的生活污水处理厂常包含两

◆污水先经过格栅间除去较大的固体物

与细菌作战

级处理过程，即一、二级处理。污水经市政管网收集进入处理厂，由格栅过滤去除其中较大的固体物，如泥沙、纸张、塑料等，然后进入第一级沉淀池（称为预沉池、一沉池）。污水在预沉池中停留数小时，待其中的固体污染物沉降后，进入二级生物化学处理反应池。视采用处理手段的不同，反应池可以为需氧型曝气池或厌氧型生物滤池（滴滤池）等。细菌以水中有机污染物为食，大量增长后形成污泥状悬浮物。此时将污水引入第二级沉淀池，将细菌和其他微生物为主的污泥沉降。运营良好的二级生化污水处理厂，处理后的污水在视觉、嗅觉上可以达到与清水相近。

◆壮观的一级沉淀池

一般来说，氧化反应的处理量大，适合大中型城市采用。在曝气池中大量通入空气以促进需氧细菌生长。

◆污水处理厂布满了大大小小的污水处理池

◆高效的二级沉淀池，里面的水质已经与清水相近

小天使，让生活更美好——人类的好帮手

广角镜——以色列利用紫外线、细菌净化污水

◆以色列是一个缺水的国家

以色列的滴灌节水技术已在全球广泛应用。它的水技术如今再获突破，实现利用紫外线净化水和利用细菌处理有机污水。新研发的紫外线净水技术主要利用紫外线辐射"抑制"水中细菌再生和传染，达到净化水质效果。这项技术把一个巨型石英管与水管系统相连，每小时可净化水200立方米。传统的氯气净水可能产生化学副产品，紫外线净水能避免这一缺点；与通过加热净水相比，紫外线净水更为便宜。科学家将小塑料环做成"生物载体"，表面携带大量天然活细菌。一套喷水系统带动"生物载体"在污水中流动，细菌负责"吃掉"污水中的有机物质。数百万个塑料环一同在污水中运作，可处理大量有害污物。

多样的污水处理

活性污泥法

活性污泥可分为需氧活性污泥和厌氧颗粒活性污泥，不论是哪一种，活性污泥都是由各种微生物、有机物和无机物胶体、悬浮物构成的，结构复杂的、肉眼可见的、绒絮状微生物共生体。这样的共生体有很强的吸附能力和降解能力，可以吸附和降解很多的污染物，可以达到处理和净化污水的目的。活性污泥法是最常见的污水生物处理方

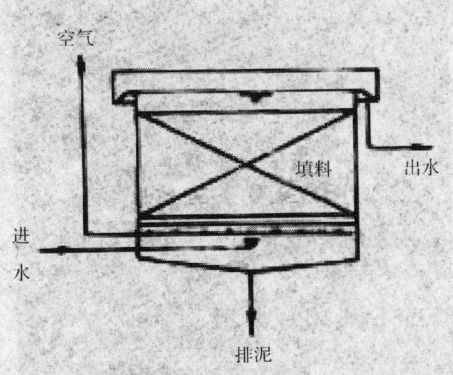

◆用接触氧化池处理废水装置

*领先一步学科学*系列

 与细菌作战

法，污水在经过初步沉淀去除各种大块颗粒之后送到需氧反应池，在池中通过曝气或搅拌供给氧气。在活性污泥法中，经处理后排出的水中的大部分活性污泥被沉淀下来返回反应池，这样可以维持很高的微生物密度和活性。当污水停留在氧化反应池期间，一部分有机物被处理成无机物，即矿化；另一部分转化为微生物细胞物质。干燥后的处理物可以用作农业肥料。

光合细菌

光合细菌是一种古老微生物，在维持地球水生态系统平衡过程中起着极其重要的作用，是一种不可多得的有益菌群。光合细菌是最为复杂的自然菌群之一，共分四科：①红色非硫磺细菌。②红色硫磺细菌。③绿色硫磺细菌。④滑行丝状绿色硫磺细菌。现已分离获得四个科属61种光合细菌。光合细菌是自然水生生态系统食物链及物质循环的重要组成部分，水生生物的排泄物、饵料残渣及排入的有机污染物被简单分解为有机酸、氨基酸、氨等后，光合细菌会把这些分解物质作为光合原料加以利用，起到净化水质的作用，同时，其自身也成为轮虫、蚤类的食物，而后者又是养殖生物的重要饵料。光合细菌能直接消耗利用水中有机物、氨态氮和硫化氢，并可通过反硝化作用除去水中的亚硝酸盐，并能将池内的残饵、粪便等完全分解并加以吸收利用，避免沉积池底后发酵而产生有害物质。多数光合细菌具有脱氮、固氮、产氢、同化一定浓度硫化氢的能力以及净化高

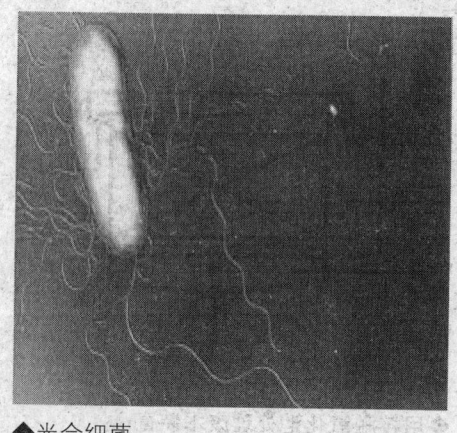
◆ 光合细菌

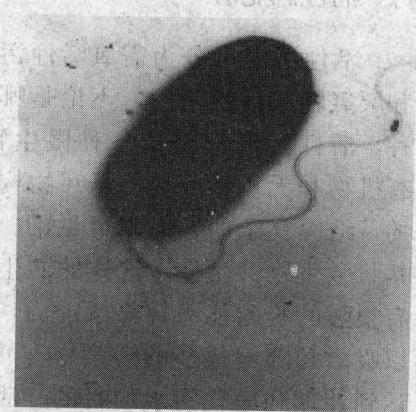
◆ "活的机器"工作原理

小天使，让生活更美好——人类的好帮手

浓度有机废水的作用。所以光合细菌是一种很好的水质改良剂，能为水产动物提供非常有利的生活和生长环境。光合细菌还有间接增氧的作用。

光合细菌

光合细菌是具有原始光能合成体系的原核生物的总称，是一类以光作为能源，能在厌氧光照或需氧黑暗条件下利用自然界中的有机物、硫化物、氨等作为供氢体兼碳源进行光合作用的微生物。

动植物和细菌处理污水

加拿大建造一座被称为"活的机器"的污水处理工厂。其特点在于利用植物、动物和细菌三种活物同时对污水进行处理。

> 寒冷岁月，在低温下许多生物要进入睡眠状态，为此使污水处理工作变得缓慢。把工厂建在温室里就可以解决上述问题。

"活的机器"是怎样工作的呢？该系统基本上是一模拟自然的过程，也就是在沼泽地、池塘和河滩等湿地进行废物再循环。因为植物以废物为肥料，许多小动物又以废物为食，所以植物和动物都被包括在这个人造的生态系统中。若把当地的和从热带弄来的一些原材料混合起来使用就更能保证处理过程全年运行。这个污水处理工厂建成后，无论是看上去还是闻起来就如同一座热带温室。完全达到环保的要求——"洁净和绿色"。

◆像热带温室一样的污水处理厂

与细菌作战

拓展思考

1. 人类可以用细菌来处理污水吗?
2. 科学家是如何利用细菌来处理污水的?
3. 利用细菌来处理污水有哪几种方式?
4. 以色列的科学家使用什么细菌来处理污水?

小天使，让生活更美好——人类的好帮手

垃圾我最爱吃——细菌垃圾处理

人类的活动，每天都有大量的固体废弃物如各种垃圾的产生，特别是大城市的固体废弃物的产量更是惊人。这些固体废弃物都应进行无害化处理，但目前几乎95%的垃圾未经这样的处理，一般只是简单地堆集起来或倾入江河中。固体废弃物中不仅含有各种无机物，如玻璃、金属等，还含有大量的有机物，

◆人类产生的固体废弃物

包括可降解的淀粉、蛋白质、废纸、烃类等和很难降解的塑料等，其中的很大部分是可以回收利用的，因此提倡垃圾的分类包装，回收可再生的资源，是一箭双雕之举。

讨厌的垃圾

◆垃圾填埋场本身也是个巨大的污染源

固体废弃物的处理有很多方法，如填埋、堆肥、焚烧、用来发电等。

垃圾的填埋处理不仅需要侵占大量的土地资源，而且需要很长时间（一般至少50～100年）才能完全使所填埋的垃圾无害化，因此填埋了垃圾的土地长期不能使用，甚至还可能引起火灾。由于填埋于地下的垃圾，绝大部分是有机物，在厌氧微生物的作用下进行发酵，

《领先一步学科学》系列

151

与细菌作战

能产生大量的沼气逸出地面，遇火即可发生火灾。填埋的垃圾还可能污染地下水。

垃圾焚烧同样也存在火灾的隐患，同时焚烧时还会产生大量废气，造成对环境的再次污染，我们称这种污染为二次污染。

较好的物理方法是利用垃圾发电。这在发达国家是一种比较普遍采用的处理城市垃圾的方法，我国也建立了几座垃圾发电厂，但目前在我国还不能普遍推广，因为成本很高。垃圾堆肥是较原始的简易的固体垃圾生物处理方法。主要是利用垃圾中原本带有的微生物进行自然发酵。这种方法虽然可以采用，但所需的处理时间长、处理量小、发酵过程不易控制。

◆垃圾发电厂

◆垃圾焚烧产废气

经过充分发酵后的垃圾是一种很好的农业肥料。如果实现垃圾处理工厂化，可以使发酵周期缩短1~2周。

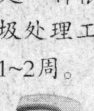

现在发展了新的城市垃圾生物处理工艺。这种工艺是先经过过筛、回收可再生资源后，引入具有特定功能的微生物（主要是一些能高效降解有机物质，如纤维素、脂肪、蛋白质的微生物）进行需氧处理或厌氧发酵，加速发酵过程，同时还可以收集所产生的沼气。发酵过程可以实现全自动化控制，发酵后形成的肥料的质量也能得到保证。

小天使，让生活更美好——人类的好帮手

细菌可以用来分解垃圾

利用微生物处理餐厨垃圾，是近年来国内外逐渐兴起的新型垃圾处理技术。日韩等国有相当一部分餐厨垃圾靠微生物技术处理，我国北京、上海、大连、厦门等城市也在逐步推广应用。

微生物处理餐厨垃圾与其他处理方法相比，具有明显的比较优势。露天堆放和堆肥处理投资少，操作简单，但产生的气味和污水对周围环境影响较大。填埋处理是大多数城市垃圾处理的主要方式，不仅占用土地，对环境特别是地下水资源也构成了严重威胁。焚烧处理可将垃圾减少约90%，但一次性投入大、运行成本高、可回收资源浪费、大气污染较为严重。焚烧法处理生活垃圾还存在"两高一低"（含水量高、有机物含量高、热值低）的问题，这主要是由餐厨垃圾引起的。如果将餐厨垃圾分离出来运用微生物处理，就可以大大节约能耗，提高焚烧效率。

◆餐厨垃圾的"产量"也很惊人

微生物降解技术将餐厨垃圾就地处理，一是处理彻底，安全性好，无臭味异味，无二次污染；二是处理后的垃圾总量减少90%，大大降低了运输成本；三是处理后的残留物可以制成有机肥料，实现资源循环利用。如果这项技术得到普及，我国的城市将成为安全无害的有机肥料大工厂，农业就能大大减少化肥施用量，走上循环经济的道路。这是一项带有方向性的重大技术创新。

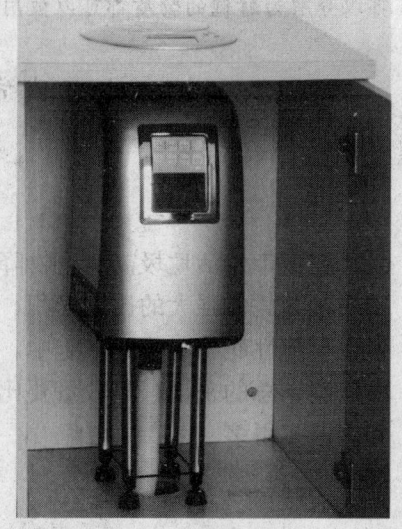
◆全自动垃圾处理机

"领先一步学科学"系列

与细菌作战

 广角镜——美国培育出转基因细菌吞垃圾吐燃油

◆转基因细菌分泌的一些柴油

细菌、基因与汽车之间有何关联？美国一家生物燃料公司就从这个三角关系中找到了一把开启能源宝藏的"金钥匙"。通过基因改造，他们令一些细菌拥有了变废为宝的神奇能力——"吃"的是农业废料，但"吐"出来的却是可直接用作汽车动力的燃油。

科学家利用合成生物学的方法，对包括大肠埃希菌、酵母菌等不同菌株进行了遗传改造，改进了生产碳氢化合物的代谢途径。酵糖在这些转基因微生物的作用下能充分释放出蕴藏的能量，并最终转化成可用作燃料的碳氢化合物，而任何可以分解为酵糖的物质都可以被用作原料，比如甘蔗、麦秆，甚至木屑。

处理城市垃圾好"帮手"

细菌

在城市生活垃圾需氧生物降解过程中，细菌凭借强大的比表面积，可以快速将可溶性底物吸收到细胞中，进行胞内代谢。总的来说，其数量要比放线菌和真菌多得多。

放线菌

放线菌具有多细胞菌丝，可以分解一些纤维素，并溶解木质素。它比真菌能够忍受更高的温度和pH值，在垃圾生物降解的高温阶段是分解木质纤维素的优势菌群。研究表明，诺卡菌、链霉

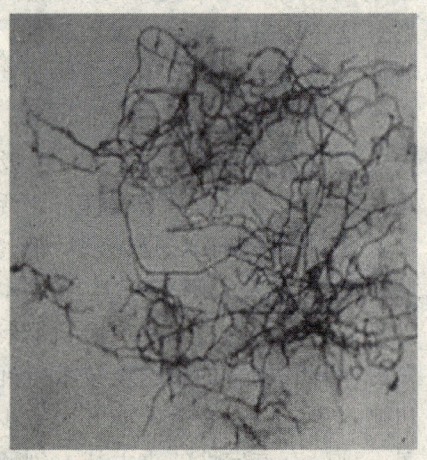

◆诺卡菌

小天使，让生活更美好——人类的好帮手

菌等在城市固体废物（MSW）需氧堆肥中占优势。

真菌

在 MSW 生物降解过程中，真菌对垃圾有机成分的分解和稳定化起着重要的作用。水解阶段水解细菌利用胞外酶对有机物进行体外酶解，使固体物质变成可溶于水的物质，然后细胞将其吸收、水解成不同产物，该阶段起作用的细菌为水解细菌。

> 真菌不仅能分泌胞外酶、水解有机物质，而且由于其菌丝的机械穿插作用，还对物料起一定的物理破坏作用。

 **拓展思考**

1. 垃圾处理有哪些方法？
2. 你听说过细菌能"吃"垃圾吗？
3. 哪些细菌能用来处理垃圾？
4. 细菌是如何处理垃圾的？

与细菌作战

魔高一尺道高一丈
——细菌与抗生素

提起抗生素,今天可能没有人不知道。得了肺炎,用青霉素或者其他抗生素可以很快治愈;伤口发炎,常常也要用抗生素。的确,人类战胜疾病,特别是与致病微生物的感染作斗争,抗生素起到并且还在发挥着重要作用。有人估计,由于抗生素的发明,全人类的平均寿命增加了10岁。抗生素是怎样发现和变成造福人类的药品的呢?让我们慢慢道来。

抗生素意外被发现和发展

◆弗莱明在他的实验室中

1928年7月下旬某日,一粒不知来自何处的真菌孢子,落到了英国伦敦大学圣玛莉医学院细菌学教授弗莱明实验室的某个培养皿上。当时,弗莱明正在撰写一篇有关葡萄球菌的回顾论文而培养了大批的金黄色葡萄球菌。不过整个8月里,弗莱明都在乡间度假,直到9月3日才返回实验室。

放假回来的弗莱明将一堆用过的培养皿堆在水槽中准备清洗;有位之前的助理正巧来访,弗莱明顺手拿起最上层一个还没浸到清洁剂的培养皿给助理看。突然,他的注意力被某个奇特的景观所吸引:该长满细菌的培养皿有个角落长了一块真菌,其周围却很清洁,不生细菌。弗莱明马上想到该真菌可能分泌某种物质,杀死了细菌或抑制了细菌的生长。于是弗莱明便将该培养皿上的真菌取出

小天使，让生活更美好——人类的好帮手

培养，并试着分离其中的有效成分，青霉素因此问世。

然而遗憾的是弗莱明一直未能找到提取高纯度青霉素的方法，于是他将真菌一代又一代地培养，并于1939年将菌种提供给准备系统研究青霉素的英国病理学家弗洛里和生物化学家钱恩。通过一段时间的紧张实验，弗洛里、钱恩终于用冷冻干燥法提取了青霉素晶体。之后，弗洛里在一种甜瓜上发现了可供大量提取青霉素的真菌，并用玉米粉调制出了相应的培养液。1941年开始的临床实验证实了青霉素对链球菌、白喉杆菌等多种细菌感染的疗效。在这些研究成果的推动下，美国制药企业于1942年开始对青霉素进行大批量生产。这些青霉素在世界反法西斯战争中挽救了大量美英盟军的伤病员。1945年，弗莱明、弗洛里和钱恩因发现青霉素及其临床效用而共同荣获了诺贝尔生理学或医学奖。

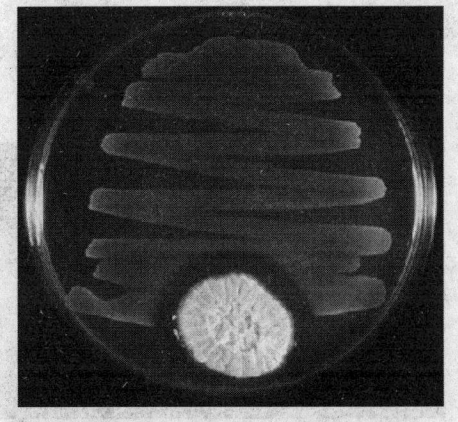
◆在真菌生长的周围没有细菌生长

◆1945年，诺贝尔基金会把当年的生理学或医学奖授给了发现青霉素的三位元勋：弗莱明、弗洛里和钱恩

"领先一步学科学"系列

157

与细菌作战

链接——青霉素与皮试

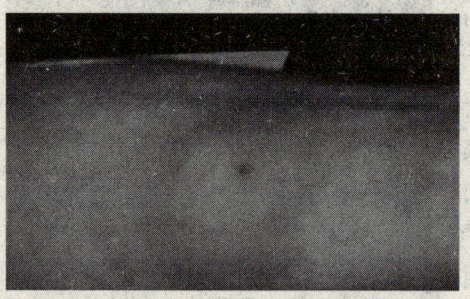

◆皮试

青霉素之所以能既杀死病菌，又不损害人体细胞，原因在于青霉素所含的青霉烷能使病菌细胞壁的合成发生障碍，导致病菌溶解死亡，而人和动物的细胞则没有细胞壁。但是青霉素会使个别人发生过敏反应，所以在应用前必须做皮试。如果发红则为皮试阳性，不能使用青霉素。

多样的抗生素

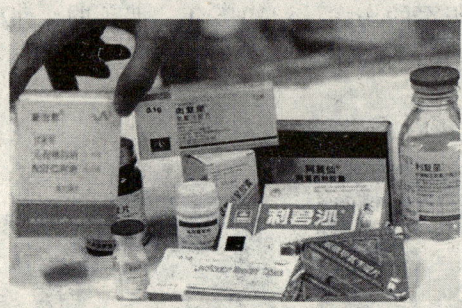

◆抗生素的种类很多

严格意义上讲，抗生素就是在非常低浓度下对所有的体内微生物有抑制和杀灭作用的药物。比如说我们针对细菌、病毒、寄生虫甚至某些抗肿瘤的药物都属于抗生素的范畴。但我们在日常生活和医疗当中所指的抗生素主要是针对细菌、病毒微生物的药物。它的种类是相当多的。大概可以分成十余种大类。在临床上常用的应该有一百多种，比如我们常用的青霉素一类有很多的品种。头孢菌素、红霉素类也有很多种。每一种类都有自己的特点，所以应该按照不同的人群、疾病来予以适当的选用。

必须注意的是，大部分抗生素均属处方药，在应用时应注意安全，使用时应听从医生的建议。

小天使，让生活更美好——人类的好帮手

 广角镜——抗生素使人类平均寿命增加10岁

◆抗生素使人类平均寿命增加

医学史专家会告诉你，自1928年发明抗生素以来，鼠疫已是"强弩之末"，天花也已"寿终正寝"，"痨病无药可医"的说法被打破，脑膜炎、伤寒不再面目狰狞。有人把抗生素、原子弹、雷达并列为第二次世界大战期间的三大发明。据说，由于抗生素的发明，全人类的平均寿命增加了10岁。

合理使用抗生素

抗生素如同一把双刃剑，用之科学合理，可以为人类造福，不恰当使用则要危害人类的健康。滥用抗生素可以导致菌群失调。正常人类的机体中，往往都含有一定量的正常菌群，它们是人们正常生命活动的有益菌，比如：在人们的口腔、肠道、皮肤都含有一定数量的有益菌群，它们参与人体的正常代谢。同时，在人体中，只要有这些有益菌群存在，其他对人体有害的菌群是不容易在这些地方生存的。而人们在滥用抗生素时，抗生素会将有益菌群和有害菌群同时杀灭。

◆抗生素必须合理使用

> 其他的有害细菌会繁殖，从而形成了"二次感染"，这往往会导致应用其他抗生素无效，病死率增高。

与细菌作战

 广角镜——抗生素导致的悲剧

半个多世纪以来，抗生素的确挽救了无数患者的生命，但是，由于抗生素的广泛使用，也带来了一些严重的问题。例如，不少孩子的牙齿又黄又发育不好，就称为"四环素牙"；有的患者因为长期使用链霉素而丧失了听力，变成了聋子；还有的患者因为长期使用抗生素，而抗生素在杀死有害细菌的同时，也把人体中有益的细菌消灭了，于是患者对疾病的抵抗力越来越弱。更为严重的是微生物对抗生素的抵抗力也随着抗生素的频繁使用越来越强，使得许多抗生素对微生物感染已经无能为力了。所以，现在的医生在开处方时，对是否要使用抗生素是越来越谨慎了。

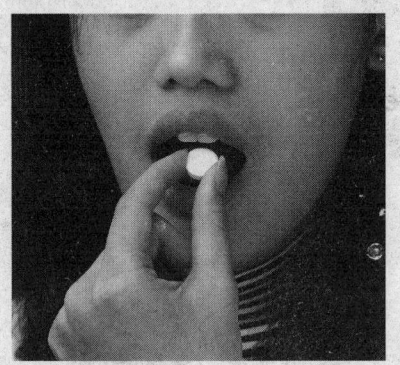
◆种类繁多的抗生素服用必须谨慎

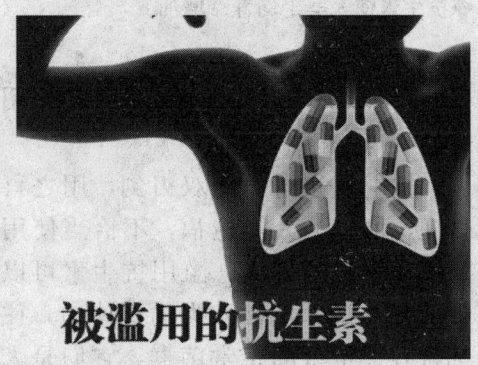
◆不要滥用抗生素

人类面临抗生素危机

耐药菌的出现是人类不合理使用抗生素的直接后果，并且细菌产生耐药性的速度远远快于人类新药开发的速度。如不遏止，人类将进入"后抗生素时代"，也即回到抗生素发现之前的人们面对细菌性感染束手无策的黑暗时代。

事实上，在抗生素投入使用至今的这些年间，很多细菌就对抗生素产生了严重的耐药性，有的甚至产生了多重耐药性。例如，耐青霉素的肺炎链球菌，过去对青霉素、红霉素、磺胺等药品都很敏感，现在几乎"刀枪

小天使，让生活更美好——人类的好帮手

不入"。绿脓杆菌对阿莫西林、西力欣等8种抗生素的耐药性达100%。多重耐药菌引起的感染更是对人类健康造成了严重的威胁，20世纪50年代在欧美首先发生了耐甲氧西林金黄色葡萄球菌的感染，这种感染很快席卷全球，有上千万人被感染。

各国学者对上述现象大为震惊，他们研究发现——耐药菌的出现是人类不合理使用抗生素的直接后果。

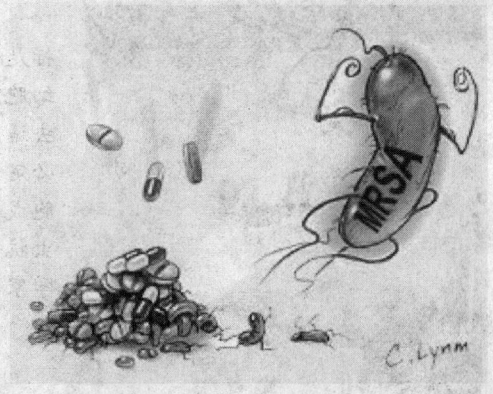

◆抗生素滥用产生了"超级病菌"——耐甲氧西林金黄色葡萄球菌

当前，世界卫生组织（WHO）已呼吁全球各国采取紧急措施杜绝多重耐药菌株的出现和传播；1997年欧盟专门拨款建立了一个跨国的微生物感染耐药监测网，以规范耐药菌的测试方法和判断标准，并且指导合理使

细菌产生耐药性速度快于人类新药开发速度，人类将回到抗生素发现之前的人们面对细菌性感染束手无策的黑暗时代。

用抗生素。面对抗生素耐药性这一全球性难题，越来越多的国家更多的是采取立法手段禁用抗生素。欧盟委员会禁止了杆菌肽锌、螺旋霉素、弗吉尼亚霉素和泰乐菌素磷等四种抗生素在欧盟范围内使用，自1999年7月1日起禁止用于家畜、家禽饲养。

 链接：昆虫抗菌肽——未来的抗生素

昆虫之所以能抵御各种各样的微生物，关键在于不同的微生物刺激诱导产生不同类别的抗菌肽，如果蝇中就存在着包括溶菌酶在内的八大类抗菌肽，它们具有各自的抗菌谱。人类已经越来越恐慌于日新月异、年年变异的新流感病毒，这不，鸡流感刚走，SARS来了；SARS走了，猪流感又来了。只因为病原微生物在抗生素的压力下，越变越快，于是，科学家越来越关注昆虫抗菌肽。

与细菌作战

大多数昆虫抗菌肽对微生物的作用靶标是微生物整个的细胞膜，而不是某一个细胞成分，因此微生物要改变整个细胞膜去适应昆虫抗菌肽，要付出的代价和时间必定比传统抗生素只针对微生物某一个细胞成分要难得多、长得多。于是，模拟昆虫抗菌肽分子开发新型的抗生素成为了科学家的目标。

◆昆虫抗菌肽——未来的抗生素

拓展思考

1. 最早的抗生素是在哪里发现的？
2. 是谁发明了青霉素？
3. 为什么使用青霉素前要做皮试？
4. 抗生素滥用会导致怎样的后果？

小天使，让生活更美好——人类的好帮手

害虫的克星——细菌与生物杀虫

目前，世界各国大量使用化学农药而造成环境污染。化学农药因其不具有选择性而对有益的生物也造成威胁。同时，很多化学农药是不可降解或很难降解的，容易在动植物体内积累而造成污染物的富集。但是，生物农药的出现使这个矛盾得以缓解。

生物杀虫剂与细菌

生物杀虫剂主要分为：苏云金杆菌、昆虫病毒、植物浸提液三大类，是取源于生物、对特定害虫具有特殊防效，且对公众安全性极高的环保型农药。它具有取材方便、成本低廉、控制期长、高效、经济、安全、无污染、与环境高度相容等特点，是当前生产无公害绿色蔬菜最佳农药。

1901年日本学者石渡繁从患猝倒病的家蚕幼虫中分离到第一个产生晶体的芽孢杆菌。10年后，Berliner从德国苏云金地方一家面粉厂染病的地中海粉螟中分离到一个相似的菌株，并正式定名为苏云金芽孢杆菌（Bt）。4年后，一个叫克林诺的科学家发现，在这种细菌的细胞中可以形成方形或菱形的晶体，可惜这个发现并未被重

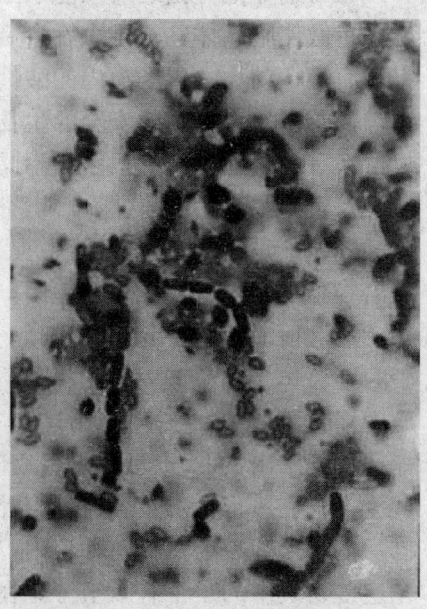
◆显微镜下看见的苏云金芽孢杆菌，细菌的细胞中可以形成方形或菱形的晶体

与细菌作战

视。直到40年后的1953年,一个叫汉纳的生物学家证明了这种晶体是有毒的蛋白质晶体,才揭示了粉螟死亡的原因。在1920～1930年,Bt作为微生物杀虫剂主要用来防治玉米螟。1938年第一个商品制剂Sporeine在法国问世,从此拉开了生物杀虫剂的序幕。以后相继发现了对鞘翅目、螨类、同翅目、膜翅目、直翅目昆虫、动植物寄生线虫、鞭毛虫、变形虫、扁虫中的吸虫、绦虫有致病性的Bt菌株。

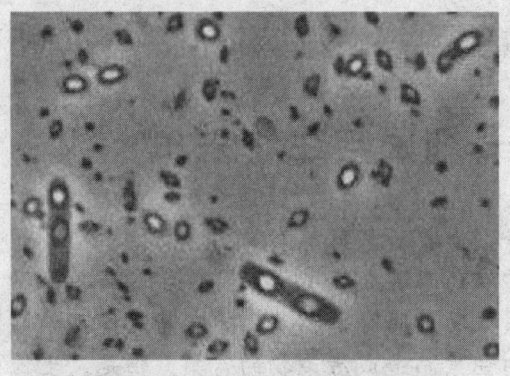

◆显微镜下的苏云金芽孢杆菌

苏云金芽孢杆菌之所以能杀虫,是由于它们的细胞内存在有毒的蛋白质,叫做伴胞晶体,被昆虫吞食后中毒而死亡。这种活细胞对环境无毒无害,而且在动物的胃肠道内的酸性环境下蛋白晶体不能溶解,从而对人畜无毒,所以是一种高效安全的生物杀虫剂,可用来防治农作物害虫和杀灭蚊虫。目前我国已经有很多种不同牌号的Bt杀虫剂产品。

随着生物技术的发展,科学家已经能从苏云金芽孢杆菌中提取出控制产生晶体蛋白的基因,并且把这段基因插入到棉花细胞中的染色体上,使这种杀虫基因成为棉花细胞中的一段。用这种

> 对生物农药的研究刚刚开始,相信在不久的将来,我们的农田将不再需要喷洒化学农药,农田将真正成为绿色的田野。

棉花长大结出的种子大面积栽培时,带有这种杀虫基因的棉花苗便成了"杀虫棉花"。当害虫蚕食这种棉叶时便会中毒死亡。用一种特制的"基因枪"把杀虫基因射入棉花种芽内,随着棉花的长大,杀虫基因也会成为棉花遗传物质中的一个有效组分,在下一代棉种内依然可以找到这种杀虫基因,把这种棉花种子种入棉田,当棉铃虫侵犯棉叶时,就会瘫痪死亡。

小天使，让生活更美好——人类的好帮手

广角镜——西班牙研究人员开发出新型生物杀虫剂

◆由地中海果蝇引起的植物腐败

地中海果蝇是果蝇的一种。果蝇危害大、繁殖快，几乎能侵害所有水果、蔬菜，严重影响水果、蔬菜的产量和品质。

西班牙格拉纳达大学生物技术研究所的研究人员从杆菌属中分离并鉴别出对果蝇幼虫致毒性特别强的菌根，然后对菌根进行特殊处理，最终开发出能有效杀灭果蝇的新型生物杀虫剂。可以有效对付地中海果蝇。与传统化学杀虫剂相比，这种新型生物杀虫剂由于无毒，对环境、人员等不会造成危害，而且容易生产和施用。这种产品一旦商业化，将对农业领域的发展起到重要作用。

生物农药奇葩——阿维菌素

21世纪是生物农药的世纪。阿维菌素是一种生物农药，符合世界农药发展趋势和我国产业政策。现在，我国已成为世界阿维菌素的主要制造基地。原药生产已经规模化，其制剂多剂型，并与30多种其他有效成分混用或复配，成为国内主要农药品种。因此，确实可以说阿维菌素是生物农药的奇葩。

阿维菌素起源于20世纪70年代。1975年日本北里大学大村智等从静冈县土样中分离出一种灰色链霉菌，随后，默克公司从该菌发酵菌

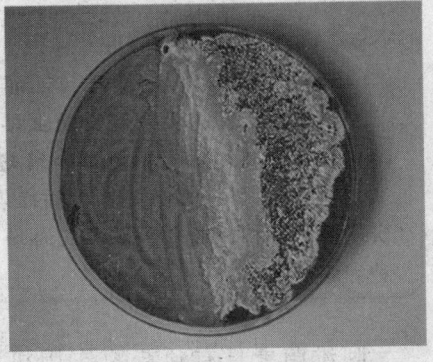

◆灰色链霉菌菌落（阿维菌素就是从其中分类处理的）

"领先一步学科学"系列

与细菌作战

◆各种阿维菌素乳油产品

丝中提取出一组由8个结构相近同系物组成的次级代谢产物，即十六元大环内酯化合物，并命名为阿维菌素。其中以B1a的活性最高。原药为白色至浅黄色结晶粉，微溶于水，易溶于有机溶剂，常温下稳定，无腐蚀性，遇紫外光易分解。1981年该公司实现了阿维菌素的产业化，并逐渐应用在农牧业和卫生上。20世纪80年代末，上海农药所着手开发阿维菌素，1993年中国农大立项开发并于1994年第一个获得1.8%阿维菌素乳油（爱福丁）临时登记，同时上市。直到1996年，我国有一个企业获得阿维菌素原药临时登记，十个单剂和五个混剂也获得临时登记。

万花筒

害虫的克星

螨类成虫、若虫和昆虫幼虫接触阿维菌素后2～4天后死亡。能有效防治双翅目、同翅目、鞘翅目和鳞翅目害虫及多种害螨。如柑橘锈螨（锈壁虱）、橘全爪螨、橘芽瘿螨、橘短须螨、斑真叶螨、茶半跗螨、矢尖盾蚧及实硬蓟马；棉花的各种螨类及潜蛾、棉叶夜蛾；观赏植物的潜叶蛾等80多种害螨和害虫。

阿维菌素具有独特的作用机制，不易使害虫产生抗性。阿维菌素具有高生物活性。阿维菌素对害虫具有触杀和胃毒作用，无内吸性，但有较强的渗透作用。药液喷到植物叶面后迅速渗入叶肉内形成众多的微型药囊，并能在植物体内横向传导，杀虫活性高，比常用农药高

小天使，让生活更美好——人类的好帮手

5～50倍。

 拓展思考

1. 为什么要使用杀虫剂？
2. 生物杀虫剂有哪些？
3. 生物杀虫剂能杀死哪些害虫？
4. 阿维菌素最早由谁发现的？

与细菌作战

庄稼的好朋友——细菌肥料

细菌,是土壤里肉眼看不见的"居民"。从离地面几厘米到几米深的地方,都有它们的足迹,它们是庄稼的好朋友。细菌每天都在勤勤恳恳地工作。它们争着吃土壤中的有机肥料,把里头所含的蛋白质与纤维素,一点点地分解下来,变成氨,再氧化成硝酸盐。硝酸盐能溶于水,被庄稼所吸收利用。大粪、绿肥、厩肥等有机肥料都要靠细菌帮忙,才能合庄稼的胃口,被庄稼所吸收。

细菌,比你想象得更聪明

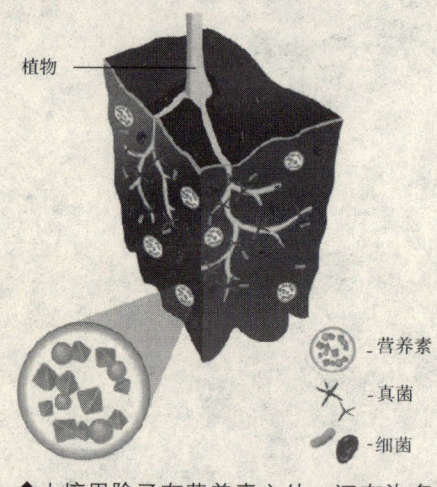

◆土壤里除了有营养素之外,还有许多细菌和真菌

除了氮肥、磷肥、钾肥、微量元素肥料、有机肥料外,还有一种活的肥料——细菌肥料。

微生物肥料的作用主要是提供对作物生长有益的"微生物群落",而不是"营养元素"。这些有益的微生物施到土壤中后,能产生各种不同的作用。例如:以固氮细菌为主的微生物肥料能通过细菌的活动,固定空气中的氮元素,供作物生长时吸收利用——"固氮"作用;以解磷细菌为主的微生物肥料则通过细菌的活动,分解土壤中部分不能被作物吸收的磷元素,使磷从土壤中分解出来,供作物生长时吸收利用——"解磷"作用;以解钾细菌为主的微生物肥料主要作用是:通过细菌的活动,分解土壤中部分不能被作物吸收的钾元素,使钾从土壤中分解出来,供作物生长时吸收利

小天使，让生活更美好——人类的好帮手

用——"解钾"作用。同时，微生物在土壤中的生活、活动，可产生很多代谢产物或分泌物，这些分泌物对作物的生长有刺激作用。总的来说，微生物肥料的作用就是细菌的固定、分解、分泌作用，影响到土壤中的营养养分的变化。土壤中营养养分变化了，生长在土壤中的作物的生长情况当然也要变化。所以，微生物的作用是"作用"于土壤中，"反应"在作物上。如果土壤养分太低，微生物肥料（菌剂）也无回天之力，还得加施有机肥或化肥。

◆培养中的细菌肥料

在细菌肥料厂里，人们在温暖如春的房间里，用玻璃瓶装培养液来培养细菌，制造肥料。

原理介绍

细菌的保存

在保存和施用细菌时，要格外小心，特别是别叫它挨晒，因为阳光中有强烈的紫外线，会杀死细菌。所以，人们常把细菌肥料装在一个黑色的油布袋子里，免得受晒。施用时，也是一施下去立即用土轻轻掩上，让细菌在土壤里安居下来，为作物服务。

微生物肥料的分类与应用

◆根瘤菌

按微生物肥料制品中特定的微生物种类分为细菌肥料（根瘤菌肥料、固氮菌肥料）、放线菌肥料（如抗生菌类）、真菌类肥料（如菌根真菌）等；按其作用机制分为根瘤菌肥料、固氮菌肥料、磷细菌肥料、硅酸盐细菌肥料；按其制品内含有的微生物种类分为单纯微生物肥料、复混微生物肥料。

与细菌作战

根瘤菌肥料

根瘤菌肥料是用于豆科作物接种，是豆科作物结瘤、固氮的接种剂。复合根瘤菌肥料以根瘤菌为主，加入少量能促进结瘤、固氮作用的芽孢杆菌、假单胞细菌或其他有益的促生微生物的根瘤菌肥料，称为复合根瘤菌肥料。加入的促生微生物必须是对人畜及植物无害的菌种。

固氮菌肥料

固氮菌肥料是以能自由生活的固氮的微生物为菌种生产出来的固氮菌肥料。按菌种及特性分为自生固氮菌肥料、根际联合固氮菌肥料、复合固氮菌肥料。固氮菌肥料适用于各种作物，特别是禾本科作物和蔬菜中的叶菜类作物，可作基肥、追肥和种肥。

磷细菌肥料

磷细菌肥料是能把土壤中难溶性的磷转化为作物能利用的有效磷，同时又能分泌激素刺激作物生长的活体微生物制品。

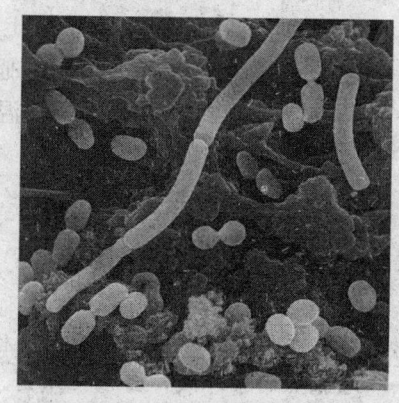
◆显微镜下的固氮菌

解磷菌的种类很多，按菌种及肥料的作用特性可分为有机磷细菌肥料、无机磷细菌肥料。有机磷细菌肥料是指在土壤中能分解有机态磷化物（卵磷脂、核酸、植素等）的有益微生物发酵制成的微生物肥料。无机磷细菌肥料是指能把土壤中惰性的不能被作物直接吸收利用的无机态磷化物，溶解转化为作物可以吸收利用的有效态磷化物。

硅酸盐细菌肥料

硅酸盐细菌肥料是指在土壤中通过硅酸盐细菌的生命活动，增加植物营养元素的供

◆使用微生物肥料的现代化蔬菜种植大棚

小天使，让生活更美好——人类的好帮手

应量，刺激作物的生长，抑制有害微生物的活动，对作物有一定的增产效果的微生物制品。

 广角镜——微生物肥料的良好作用

提高土壤肥力，减少化肥用量，改善作物品质。这是微生物肥料的主要功效。各种自生、联合或共生的固氮微生物肥料，可以增加土壤中的氮素来源。多种分解磷、钾矿物的微生物，如一些芽孢杆菌、假单胞菌的应用，可以将土壤中难溶的磷、钾溶解出来，转变为作物能吸收利用的磷、钾离子，使作物生活环境中的营养充足。

分泌生长激素。许多微生物种类在生长繁殖过程中产生对植物有益的代谢产物，如生长素、吲哚乙酸、赤霉素、多种维生素、氨基酸等，能刺激和调节作物生长，使植物生长健壮、营养良好，进而达到增产的效果。

◆施用微生物肥料的果园

增强植物抗病虫和抗旱能力。多种微生物可以诱导植物的过氧化物酶、多酚氧化酶、苯甲氨酸解氨酶、脂氧合、几丁质酶等参与植物防御反应，利于防病抗病。有的微生物种类还能产生抗生素类物质，有的则是形成了优势种群，降低了作物病虫害的发生。菌根真菌由于在植物根部的大量生长，其菌丝除可为植物提供营养元素外，还可增加水分吸收，有利于提高植物的抗旱能力。

 **拓展思考**

1. 哪些细菌能成为肥料？
2. 说说细菌肥料的分类？
3. 细菌肥料有哪些应用？
4. 说说细菌肥料的好处？

我是化学魔术师——微生物酶

工业微生物涉及食品、制药、冶金、采矿、石油、皮革、轻化工等多种行业。通过微生物发酵途径生产抗生素、丁醇、维生素C以及一些风味食品的制备等；某些特殊微生物酶参与皮革脱毛、冶金、采油采矿等生产过程，甚至直接作为洗衣粉等的添加剂；另外还有一些微生物的代谢产物可作为天然的微生物杀虫剂广泛应用于农业生产。乳酸杆菌作为一种重要的微生态调节剂参与食品发酵过程，对其进行的基因组学研究将有利于找到关键的功能基因，然后对菌株加以改造，使其更适应于工业化的生产过程。

神奇的催化剂——微生物酶

◆使用现代化仪器，可以生产出大量的微生物酶

微生物酶是指起着催化生物体系中特定反应的、由微生物活细胞产生的蛋白质。作为催化剂的微生物酶，它可以加速三种反应：水解反应、氧化反应和合成反应。微生物酶可以在活细胞内进行催化作用，也可以透过细胞作用细胞外的物质。前者称内酶，后者称外酶。

在特定的条件下，微生物细胞才会产生大量的活性酶，即微生物酶。在生成过程中，控制环境条件是很重要的，以使绝大部分活性酶能完整保存下来。当微生物细胞生成活性酶后，它们会钝化，并和酶一起保留下来，以不同的方式，分几个阶段使酶净化。

小天使，让生活更美好——人类的好帮手

目前，还没有科学的名称来对用于制造酶的微生物体命名。但那些含酶的物质中酶活性是能保证的。为了最佳利用酶的催化功能，我们必须熟悉一些影响酶活性和稳定性的基本原则。因为酶是一种生物化合物，且由大量蛋白质组成，所以要受到外界环境的影响。以下原则对用于化学方面的大多数生物酶来说，都是适合的。环境的pH值对酶的活性和稳定性有显著的影响。最佳活性会因不同酶的pH值的变化而变化。在pH值变化时，不同酶的活性有差异。另一个主要因素是温度。因为酶是生物催化剂，至少部分地由蛋白质组成的，所以它们对温度的变化十分敏感。环境温度升高会使酶的活性成倍增强。当达到最佳温度时，温度再高就会引起酶的迅速退化，活性也就会降低。然而，不同种类的酶对温度的抵抗力和敏感程度有很大的差异。例如：从枯草菌素中提取的细菌酶对热的敏感度就比从米谷蛋白中提取的真菌酶低。大约85％从地衣类物质和淀粉酶中提取的酶能在高温中保持活性，但米谷蛋白酶在此高温中就要失去大于90％的活性。当经发酵的、含酶的微生物体保持干燥时，这种物质就比湿的更能抵御外界环境温度的变化。事实上，大多数酶在标准状况下不大会出现稳定性问题。采用生物酶技术处理有机废物时，如何利用酶的特性是十分重要的，包括它们怎样起作用，在什么条件下起作用，以及如何保持它们的活性等。

◆工业化生产微生物酶的大反应罐

一些由某类细菌发酵而来的淀粉酶甚至能在沸水中短暂保持稳定性，并在70℃~80℃达到最佳活性。

能产生酶的细菌

酶的生产菌株主要来自于自然界，目前已在微生物中发现多种酶。工业上用于酶制剂生产的微生物主要是细菌、真菌、酵母菌和放线菌中的某些菌株。

枯草芽孢杆菌

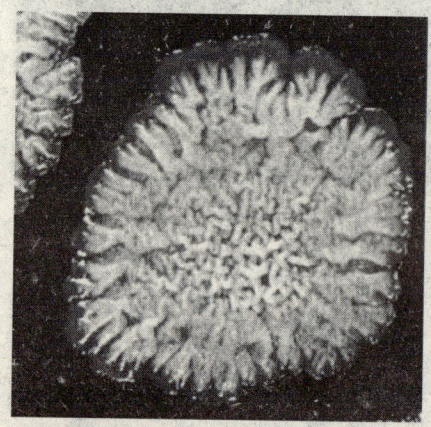
◆枯草芽孢杆菌菌落

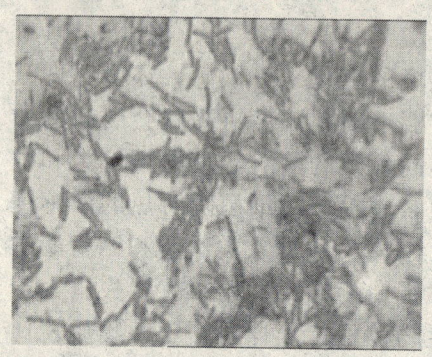
◆显微镜下的枯草芽孢杆菌

枯草芽孢杆菌是应用最广泛的产酶微生物之一。易在枯草浸汁中繁殖，故名。它是芽孢杆菌属的一种。单个细胞大小为（0.7～0.8）微米×（2～3）微米，着色均匀。无荚膜，周生鞭毛，能运动，为革兰阳性菌。芽孢（0.6～0.9）微米×（1.0～1.5）微米，椭圆到柱状，位于菌体中央或稍偏，芽孢形成后菌体不膨大。菌落表面粗糙不透明，污白色或微黄色，在液体培养基中生长时，常形成皱襞。需氧菌可利用蛋白质、多种糖及淀粉，分解色氨酸形成吲哚。有的菌株是α-淀粉酶和中性蛋白酶的重要生产菌；有的菌株具有强烈降解核苷酸的酶系，故常作选育核苷生产菌的亲株。在快速繁殖过程中，产生大量多种维生素、有机酸、氨基酸、蛋白酶（特别是碱性蛋白酶）、糖化酶、脂肪酶、淀粉酶。因此，此菌用途很广，可用于生产淀粉酶、蛋白酶、葡聚糖酶、碱性磷酸酶等。例如，枯草杆菌－0是国内用于生产淀粉酶的主要菌株；枯草杆菌123可用于生产中性蛋白酶和碱性磷酸酶。枯草杆菌生产的淀粉酶和蛋白酶都是胞外酶。而碱性磷酸酶存在于细胞间质之中。

小天使，让生活更美好——人类的好帮手

大肠埃希菌

大肠埃希菌细胞呈杆状，革兰阴性短杆菌，大小 0.5 微米×（1~3）微米。周身鞭毛，能运动，无芽孢。能发酵多种糖类产酸、产气，是人和动物肠道中的正常栖居菌，与人终身相伴，其代谢活动能抑制肠道内分解蛋白质的微生物生长，减少蛋白质分解产物对人体的危害，还能合成维生素 B 族和维生素 K，以及有杀菌作用的大肠埃希菌素。菌落从白色到黄白色，光滑闪亮，扩展。它能使牛奶迅速产酸凝固，不胨化，不液化明胶，产吲哚，甲基红试验阳性。大肠埃希菌可生产多种多样的酶，一般都属于胞内酶，需经过细胞破碎才能分离得到。

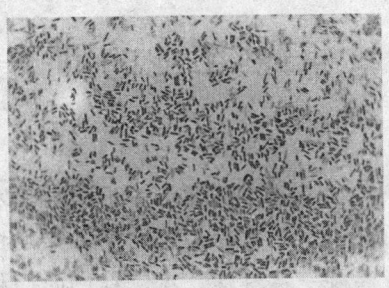
◆大肠埃希菌革兰染色照片

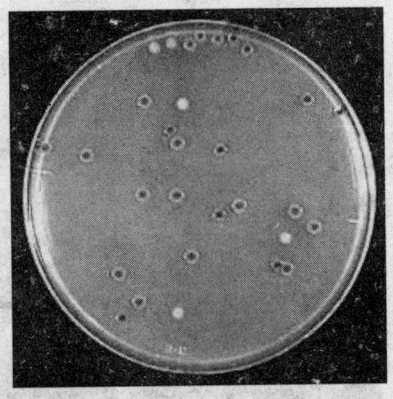
◆大肠菌群体

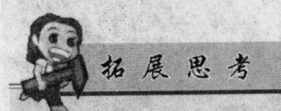 拓展思考

1. 酶是什么东西？
2. 酶的作用是什么？
3. 哪些细菌能产酶？
4. 细菌产生的酶有哪些用处？

与细菌作战

石油工业的助手——烃氧化菌和石油酵母

石油埋藏在地下很深处，人们是如何发现它们的？别急，细菌能帮助我们。如果你有机会到石油勘探的实验室，你会发现，试管的液面上常飘浮着一层薄膜，有淡红色的、柠檬色的、乳白色的等，这些就是用来勘探石油、天然气矿藏的细菌。

采油向导——烃氧化菌

石油是工业的"血液"。但石油深深地埋藏在地下，怎样才能找到它呢？微生物王国中的烃氧化菌居然可以成为石油勘探队员的向导。

我们知道，石油是由各种碳氢有机化合物组成的，这种碳氢化合物叫

◆石油开采井场

"烃"。石油虽然被深埋在地下，但总有一些烃会透过岩层缝隙跑到地层浅处。而烃氧化菌有个怪癖，生性喜欢吃烃，它们专门聚集在含烃的土壤中，过着以烃为"食"的生活。虽然偷偷溜到地表层来的烃很少，但对烃氧化菌来说足以维持生命并繁殖后代了。因此，勘探队员如果在某地区的

◆我国科研人员首次完成了一株重要的采油微生物的全基因组破译，揭示了其遗传信息，可帮助解决石油开采难题，对于微生物采油技术的革新亦具有重要意义

小天使，让生活更美好——人类的好帮手

土壤里发现大量的烃氧化菌，那么说明那里很可能有石油。于是，配合其他找矿手段，就可以确定石油矿藏的分布范围了。因此烃氧化菌无形中就成了采油向导。

烃氧化菌还可以为人类除弊兴利。工业废水中常常含有能污染环境的有毒烃，人们利用烃氧化菌的食性，在废水池中"放养"少量烃氧化菌，它们边"吃"边繁殖，最后，有毒烃被吃光了，废水也就变成了有用的水。烃氧化菌本身又是优质饲料。

吃蜡能手——石油酵母

微生物王国中的吃烃食客成了采油向导，而吃蜡食客则在石油加工中起着很重要的作用。

在炼油厂中，寄宿着大批的吃蜡食客，它们是被称为石油酵母的解脂假丝酵母和热带假丝酵母。假丝酵母属芽殖，能形成假菌丝，不产生子囊孢子的酵母。不少假丝酵母能利用正烷烃为碳源进行石油发酵脱蜡，其中氧化正烷烃能力较强的假丝酵母多是解脂假丝酵母或热带假丝酵母。

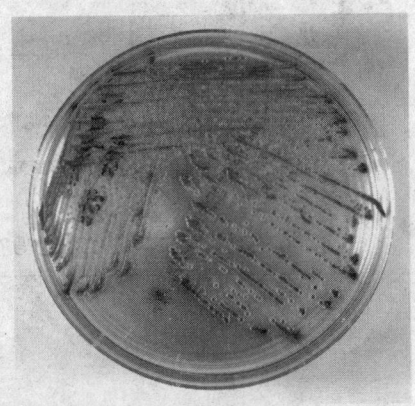

◆热带假丝酵母菌落

炼油厂为何要供养着这大批微生物食客呢？原来，石油产品的质量与其中蜡的含量高低有很大关系。飞机如果使用含蜡量高的汽油，高空的低温会使蜡凝固起来，将飞机上的输油管堵塞，造成严重事故。因此，石油产品就要进行脱蜡处理。工业上的脱蜡办法并不少，但是需要有一套很复杂的设备，消耗的材料和能源也多，成本很高。于是，石油酵母立下了汗马功劳，它们敞开肚

◆大庆炼化润滑油厂异构脱蜡车间

领先一步学科学系列

177

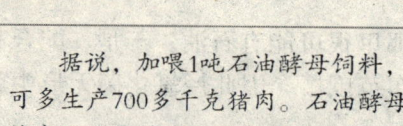

与细菌作战

据说，加喂1吨石油酵母饲料，可多生产700多千克猪肉。石油酵母将来还可能作为人类的食物。

皮，甩开腮帮，狼吞虎咽，大吃特吃，如风卷残云，把石蜡一扫而光，它们也迅速繁殖起来，人们既得到了高级航空汽油和其他石油产品，也获得了大量的石油酵母。

石油酵母在石油脱蜡过程中，吃得滚圆，含有丰富的蛋白质和维生素，用它可以制成无毒高蛋白的精饲料，用于喂养家禽。

拓展思考

1. 烃氧化菌的作用是什么？
2. 说说石油酵母的作用？
3. 炼油厂为什么要养细菌？
4. 石油酵母还有其他用途吗？

小天使，让生活更美好——人类的好帮手

我能生产沼气——甲烷菌

甲烷菌在自然界中分布极为广泛，在与氧气隔绝的环境中都有甲烷菌生长，海底沉积物、河湖淤泥、沼泽地、水稻田以及人和动物的肠道、反刍动物瘤胃，甚至在植物体内都有甲烷细菌存在。人们对甲烷菌的认识约有150年的历史。人们对甲烷菌有极大的兴趣关键是在于其对天然气的形成有利，甲烷菌在自然界中与水解菌和产酸菌等协同作用，使有机物甲烷化，产生有经济价值的生物能物质——甲烷。

产甲烷能手——甲烷菌

在泥泞的沼泽或水草茂密的池塘里，生活着无数专爱"吹"气泡的小生命，名叫甲烷菌。甲烷菌是地球上最古老的生命体。在地球诞生初期，死寂而缺氧的环境造就了首批性情随和的"生灵"，它们不需要氧气便能呼吸，仅靠现成简单的碳酸盐、甲酸盐等物质维持生计，然而它们具有生命实体——细胞，并开始自然繁殖。这就是生物的鼻祖——甲烷菌。

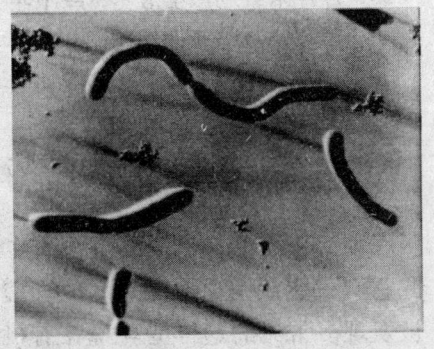

◆甲烷菌电镜照

时至今日，地球几经沧桑，甲烷菌却本性难移，仍保持着厌氧本色。当然，现代甲烷菌的"食物"来源更加广泛，杂草、树叶、秸秆、食堂里的残羹剩饭、动物粪尿乃至垃圾等都是甲烷菌的美味佳肴。沼泽和水草茂密的池塘底部极为缺氧，甲烷菌躲在这里"饱餐"一顿之后，便舒心地呼出一口气来，这便是沼气泡。沼气泡中充满沼气。沼气的主要成分是甲烷，另外还有氢气、一氧化碳、二氧化碳等。它是廉价的能源，用于点灯、做饭，既清洁

与细菌作战

◆泥泞的沼泽地里，会冒气泡，这就是甲烷气体

又方便；还可以代替汽油、柴油，是一种理想的气体燃料。

现在世界上大多数国家都在为燃料不足而发愁，开发利用新能源已成为世界性的紧迫问题。而小小微生物却能为人类分忧，在解决能源危机的问题上做出了自己的贡献。在国外，已有许多工厂使用沼气作燃料开动机器。我国也有不少地区特别是农村兴建了沼气池，人工培养微生物制取沼气。还可以建成沼气发电站把生物能变成电能。

知识窗

强大的甲烷菌

沼气池为甲烷菌提供了一个缺氧的环境。在这里，甲烷菌可以愉快地劳动，源源不断地产生沼气。一个年产2万吨酒精的工厂，如将全部酒精废液生产沼气，每年可得沼气1100万立方米，相当于9000吨煤。而且，被甲烷菌"吞嚼"过的残渣，还是庄稼的上等肥料，肥效比一般农家肥还高。

甲烷菌的特性

甲烷菌不能在有氧气处生存，因此它们只能在完全缺乏氧气的环境中被发现。常见的这样的环境在有机物被迅速降解的地方，比如湿地土壤、动物消化道和水底沉积物等。

专性严格厌氧菌

甲烷菌都是厌氧菌，对氧气非常敏感，遇氧后会立即受到抑制，不能生长、繁殖，有的还会死亡。

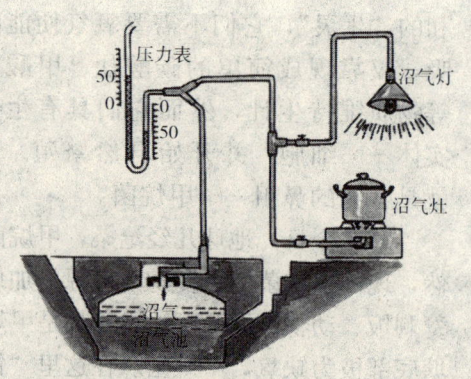

◆沼气池里的甲烷菌可以产生甲烷，用来发电和燃烧

小天使，让生活更美好——人类的好帮手

生长繁殖特别缓慢

甲烷菌生长很缓慢，在人工培养条件下需经过十几天甚至几十天才能长出菌落。有的甲烷菌需要培养七八十天才能长出菌落，在自然条件下甚至更长。菌落也相当小，特别是甲烷八叠球菌菌落更小，如果不仔细观察很容易遗漏。菌落一般为圆形、透明、边缘整齐，在荧光显微镜下发出强的荧光。同时甲烷菌世代时间也长，有的细菌20分钟繁殖一代，甲烷菌需几天乃至几十天才能繁殖一代。

原理介绍

生长为何如此缓慢？

甲烷菌生长缓慢的原因，是它可利用的底物很少，只能利用很简单的物质，如 CO_2、H_2、甲酸、乙酸和甲基胺等。这些简单物质必须由其他发酵性细菌，把复杂有机物分解后提供给甲烷菌，所以甲烷菌一定要等到其他细菌都大量生长后才能生长。

培养分离困难

因为甲烷菌要求严格厌氧条件，一般培养方法很难达到厌氧，培养分离往往失败。又因为甲烷菌和伴生菌生活在一起，菌体大小形态都十分相似，在一般光学显微镜下不好判明。

世界上有很多研究者对甲烷菌进行了培养分离工作，并对分离方法进行了改良，能很容易地把甲烷菌培养分离出来。

 与细菌作战

 拓展思考

1. 甲烷菌分布在哪里？
2. 你能说说甲烷菌的作用吗？
3. 列举甲烷菌的特性？
4. 你见过农村的沼气池吗？

小天使，让生活更美好——人类的好帮手

环保的能源——细菌发电

人类的一切活动都离不开能源。人们日常使用的电能基本上是通过石油或煤炭发电产生的。除此之外，还有核能发电。也许你还听说过水力发电、风能发电、太阳能发电，但你听说过细菌也能发电吗？细菌发电，即利用细菌的能量发电。生物学家预言，21世纪将是细菌发电造福人类的时代。下面带你一起去领略一下细菌发电的无穷魅力。

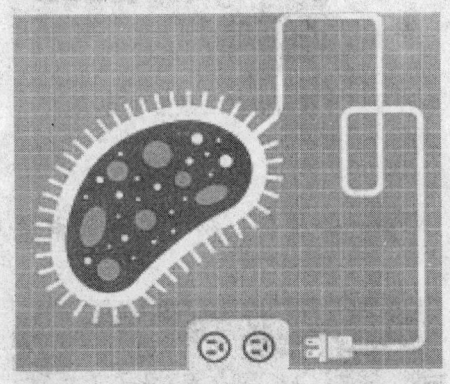
◆细菌也能发电

细菌发电的历史

细菌发电的历史可以追溯到1910年。当年，英国植物学家马克·皮特首先发现有几种细菌的培养液能产生电流。于是他以铂作电极，放进大肠埃希菌或普通酵母菌的培养液里，成功地制造出世界上第一个细菌电池。

1984年，美国科学家设计出一种太空飞船使用的细菌电池，其电极的活性物质是宇航员的尿液和活细菌。不过，那时的细菌电池放电效率较低。

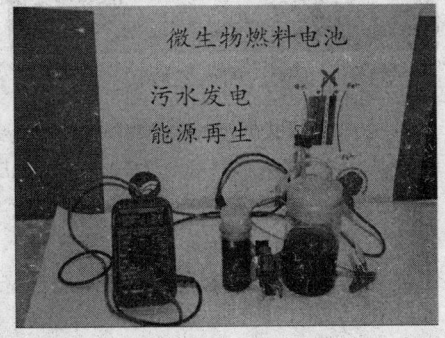
◆细菌发电装置

直到20世纪80年代末，细菌发电才有了重大突破，英国化学家彼得·彭托在细菌发电研究方面才取得了重大进展。他让细菌在电池组里分

183

与细菌作战

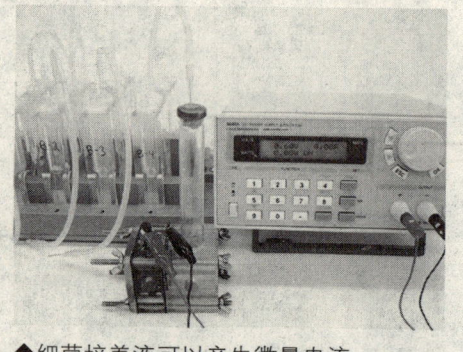

◆细菌培养液可以产生微量电流

解分子，以释放出电子向阳极运动产生电能。在糖液中他还添加了某些诸如染料之类的芳香族化合物作稀释剂，来提高生物系统中输送电力的能力。在细菌发电期间，还要往电池里不断充入空气，用以搅拌细菌培养液和氧化物质的混合物。只要不断给这种细菌电池里添入糖，就可获得2安培的电流，且能持续数月之久。

 小资料：细菌发电的前景与研究

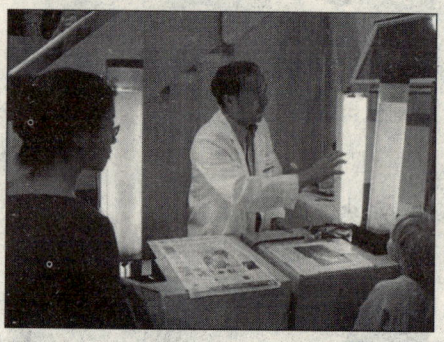

◆气瓶含有细菌，创造乙醇和能量

利用细菌发电原理，还可以建立细菌发电站。在10米见方的立方体盛器里充满细菌培养液，就可建立一个1000千瓦的细菌发电站，每小时的耗糖量为200千克，发电成本是高了一些，但这是一种不会污染环境的"绿色"电站，更何况技术发展后，完全可以用诸如锯末、秸秆、落叶等废有机物的水解物来代替糖液，因此，细菌发电的前景十分诱人。

现在，各发达国家如八仙过海，各显神通：美国设计出一种综合细菌电池，是由电池里的单细胞藻类首先利用太阳光将二氧化碳和水转化为糖，然后再让细菌利用这些糖来发电；日本将两种细菌放入电池的特制糖浆中，让一种细菌吞噬糖浆产生醋酸和有机酸，而让另一种细菌将这些酸类转化成氢气，由氢气进入磷酸燃料电池发电；英国则发明出一种以甲醇为电池液，以醇脱氢酶铂金为电极的细菌电池。

糖原料细菌发电

美国的两位科学家发明了世界上第一种能发电的"细菌电池"。该项目的两位研究员马萨诸塞州立大学的斯瓦德斯·查德乌里和德里克·拉威莱说，这种电池的原料是地下的细菌，它们在吞噬糖的过程中，能把能量转化为电。

这一原型电力装置加满原料后，可以正常运转长达25天，而且成本低，性能稳定。拉威莱在接受媒体采访时说："这是一种独特的有机体。"他还简要描述了这项技术的潜在应用价值。正处于研究阶段的细菌是研究人员在弗吉尼亚奥伊斯特贝地底深处不通风的沉淀物中发现的，研究人员认为它是使糖氧化的最理想的"候选者"。

他俩制造了一个有两个封闭空间的容器，每一个空间都有一个石墨电极，并被薄膜隔开。其中一个空间中放有细菌，它们在葡萄糖溶液中游动，在产生化学反应后分解为二氧化碳和电子。电子被传输到附近的电极（阳极），然后又通过外电路传送到另一块电极（阴极）：电源。

尽管有关微生物燃料电池的问题

◆糖原料细菌发电

◆研究人员创造了微生物燃料电池，这些微生物来自天然存在于土壤的细菌

很早便已提出，但直到现在他们仍旧面临成本高以及能效低等问题。拉威莱说，它们的效率很低，一般为"10%或更低"，相对于它们提供的功率，这种产出所付出的成本极高。通过这种方式发电，最佳效率可达约50%。但这需要添加几种起催化作用的化学物质，

◆实验室里细菌发电的装置非常复杂，但产生的电流不大，这是将来需要解决的问题

与细菌作战

这些化学物质可以穿过封闭空间的薄膜进入容器，把自由电子传输到阳极。

不过，这几种起催化作用的化学物质的价格非常昂贵，而且还需要经常补充，这使得它们不适于用做一种简单的长期的能源。

由查德乌里和拉威莱制造的原型机能生成少量的电流，充其量只够一个计算器或圣诞树灯泡的电力供应。然而，作为细菌电力的明证，这种机器诞生的影响不可估量。

> 微生物燃料电池一旦克服工程技术障碍，找到解决生产技术的方案，将来有一天，它可以当作普通电池用。

广角镜——池塘中细菌也可以用来发电

在淡水池塘中常见的一种细菌也可以用来连续发电。这种细菌不仅能分解有机污染物，而且还能抵抗多种恶劣环境。这种细菌有两个与众不同之处：首先是发电的细菌属于脱硫菌家族，这个家族的细菌在淡水环境中很普遍，而且已被人类用于消除含硫的有机污染物；其次是在外界环境不利或养分不足时，脱硫菌可

◆池塘中细菌也能用来发电

小天使，让生活更美好——人类的好帮手

以变成孢子态，而孢子能在高温、强辐射等恶劣环境中生存，一旦环境有利又可以长成正常状态的菌株。用这种细菌制成的燃料电池，只要有足够的有机物作为"食物来源"，电池中的细菌就能通过分解食物持续释放出带电粒子。

 **拓展思考**

1. 你能说出几种发电的方法？
2. 细菌能发电吗？
3. 细菌发电的原理是什么？
4. 糖原料细菌发电是什么原理？

与 细 菌 作 战

科技奇迹——细菌计算机

就在科技界还在无休止地争论上网本与笔记本电脑的优劣之际,合成生物学家已将传统电脑远远抛在了身后。一个美国科学家团队利用经巧妙设计的大肠埃希菌,制成了可解决复杂数学问题的细菌计算机,且速度远快于任何以硅为基础的计算机。

研究证明,细菌也可用于解决如"汉弥尔顿路径问题"这样的复杂数学难题。汉弥尔顿路径问题是指,譬如有10个城市,从北京出发,以上海为目的地,不重复走遍所有10个城市的最短路线。这个看似简单的问题要解决起来其实超乎想象的复杂。因为从北京到上海的所有可能路线组合高达350万条,普通计算机要找出其中最短的路线需要花很长的时间,因为它一次只能尝试一条。而一台由数百万细菌组成的计算机则能同时考虑每一条路径。随着时间的推移,细菌的繁殖不断增加,其计算能力还能继续提高。

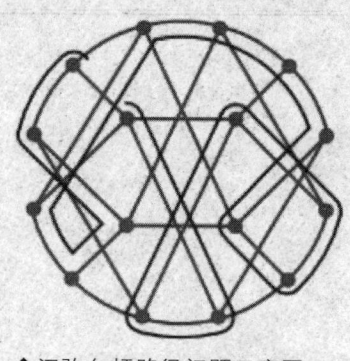
◆汉弥尔顿路径问题示意图

然而,对这种细菌计算机进行编程可不是一件容易的事。在生物计算机中,每一个细菌都变成了一台微型计算机,能同时展开运算。当数百万个细菌同时工作时,其运算能力非常惊人。然而,如何控制大量的细菌进

◆要用细菌做成像笔记本一样实用的电脑,恐怕还要等上一段时间

小天使，让生活更美好——人类的好帮手

行工作，从而具备运算能力却是一个难题。基因技术帮研究人员解决了这一难题。研究人员通过改变大肠埃希菌的DNA，将"汉弥尔顿路径问题"简化为只有三个城市的版本并加以编码。这些城市由一系列会令细菌发出红光或绿光的基因代表，而城市间可能的途径由DNA的随机性排序进行探索。产生正确答案的细菌将会发出黄光。

科学家们通过检查DNA序列来校对黄色细菌所给出的答案。通过使用一些额外的基因差异——比如对特定抗生素的抗性，该研究小组认为，他们的方法可扩展为解决包含更多城市的问题。

此项研究除了证明细菌计算的能力之外，还为合成生物学领域做出了重要贡献。电子电路由晶体管、二极管及其他元件组成，生物电路也是如此。目前，合成生物学家们已共同创建了《标准生物零件登记簿》，而此项最新研究的成果又为这个登记簿增添了60多个新零件。

拓展思考

1. 细菌计算机的原理是什么？
2. 细菌计算机运算能力强吗？
3. 科学家会用哪种细菌做成计算机呢？
4. 细菌计算机什么时候投入使用？

闻所未闻
——细菌奇谭

细菌种类多、繁殖快、适应环境能力强。因此,细菌广泛分布于自然界,在水、土壤、空气、食物、人和动物的体表以及与外界相通的腔道中,常有各种细菌和其他微生物存在。细菌在自然界物质循环上起重要作用,不少是对人类有益的,对人致病的只是少数。

在自然界最大的细菌居然用肉眼就能看见,最小的细菌以纳米级来衡量,在高山、火山、海底、盐湖等极端环境中都有细菌的存在,下面就让我们来领略细菌的独特风采。

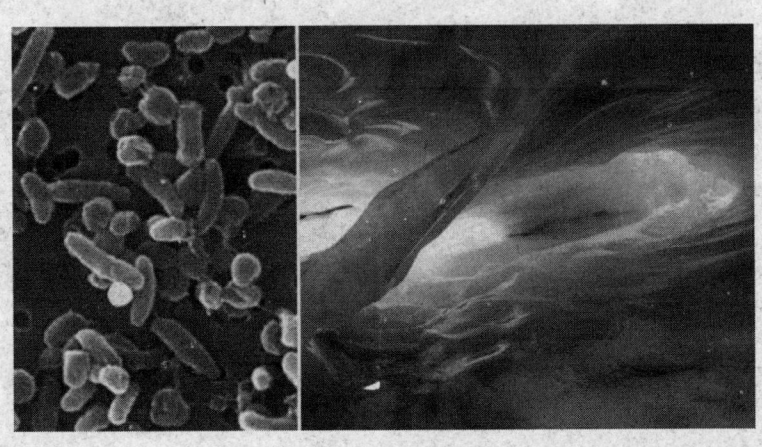

闻所未闻——细菌奇谭

最大的细菌
——纳米比亚硫磺珍珠

人们普遍认为细菌需要显微镜才能一睹它的风采，但是你知道吗，最大的细菌用肉眼也能看到，而且它的体积还不小，足足有一粒米大小，你相信吗？前面我们讲到了纳米级的细胞，下面就带你领略一下最大的细胞。

1997年4月16日出版的《科学》报道了有史以来所发现体积最大的细菌，这种细菌直径平均是0.1～0.3毫米，最大的可达0.75毫米，是一般球菌直径1微米的100～300倍，因之体积为其100万倍～3000万倍。

1997年4月一艘俄罗斯勘探船从非洲纳米比亚的大西洋岸之暗礁中取得一个标本，内有这肉眼可见的大细菌，于

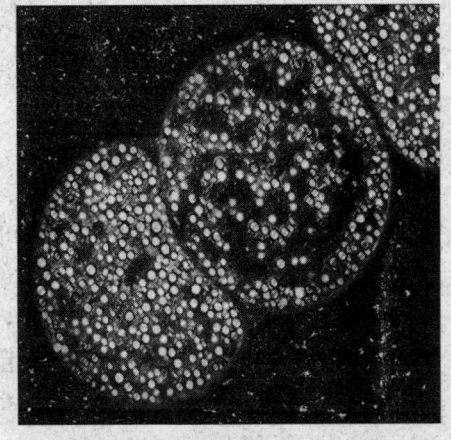

◆纳米比亚硫磺珍珠的最大的珍珠

是在德国柏林普朗克海洋微生物研究所的海蒂·舒兹和其他科学家一起将之命名为"纳米比亚硫磺珍珠"。就体积而言，传统菌与这种巨大细菌相比，就犹如新生小鼠与海中蓝鲸之别。

在显微镜下硫磺珍珠以链状丛聚，自然状态下存活于硫化氢浓度高的海底沉积物中，硫化氢对动物极

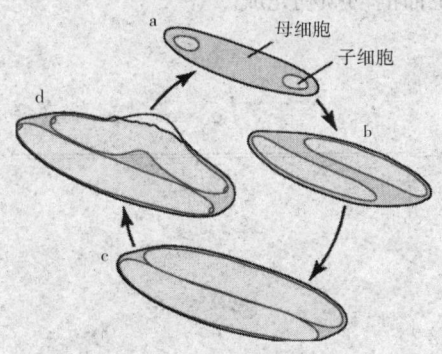

◆最大的细胞分裂时的情况

与细菌作战

▶这种最大的细菌是在鲟鱼体内发现的

毒,但却是硫磺珍珠的食物。它在细胞壁内存在着硝酸盐,以之来氧化硫化氢。

一年之后,2008年5月6日的《美国国家科学院院刊》上,美国科学家报道了目前最大的巨型细菌,其体积有一粒盐大,是大肠埃希菌体积的1000倍,肉眼清晰可见。这样庞大的身躯可能与它自身基因组有数以万计的拷贝有关。

这种细菌是1997年两个澳大利亚生物学家暑假时在大西洋捕鱼,钓到的一条鲟鱼的消化系统里发现的。那种细菌的发现纯属偶然,以至于不少人都不相信。

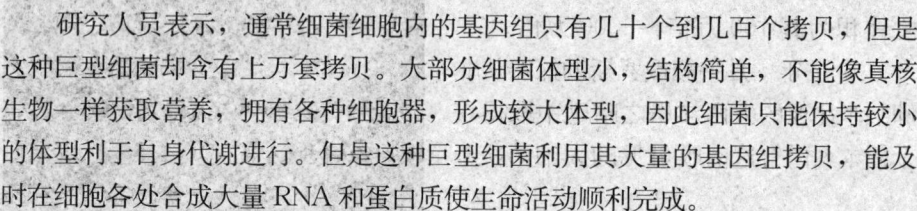

他具有一般细菌所有特征,只是大了很多而已。它的体型大概是原生物草履虫的3倍,是大肠埃希菌的600倍(至少是600倍)。

研究人员表示,通常细菌细胞内的基因组只有几十个到几百个拷贝,但是这种巨型细菌却含有上万套拷贝。大部分细菌体型小,结构简单,不能像真核生物一样获取营养,拥有各种细胞器,形成较大体型,因此细菌只能保持较小的体型利于自身代谢进行。但是这种巨型细菌利用其大量的基因组拷贝,能及时在细胞各处合成大量RNA和蛋白质使生命活动顺利完成。

拓展思考

1. 最大的细菌有多大?
2. 最大的细菌是在哪里发现的?
3. 最大的细菌如何繁殖?
4. 最大的细菌是大肠埃希菌的多少倍?

闻所未闻——细菌奇谭

最小的细菌——纳米细菌

纳米细菌是近年来才被发现的超微细菌。纳米细菌体积极其微小，其最小直径仅50纳米，大大低于理论上细菌体积的下限。因此，纳米细菌在被发现的初期，其存在的真实性就受到许多学者的质疑。并且由此引发了一场关于微生物最小体积的争论。随着研究的不断深入，纳米细菌的生物学特性不断地被揭示，纳米细菌已经成为当前研究的一个热点问题。在医学界，纳米细菌被认为与肾结石、胆囊结石、动脉粥样硬化等病理性钙化疾病的发生有关系。

纳米细菌的发现

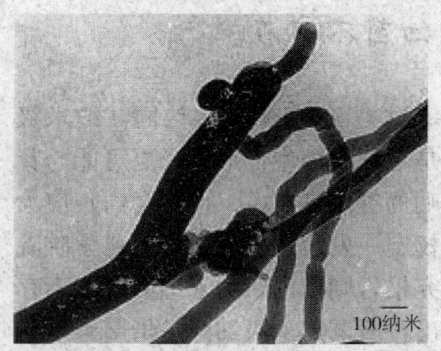
◆科学家发现的纳米细菌

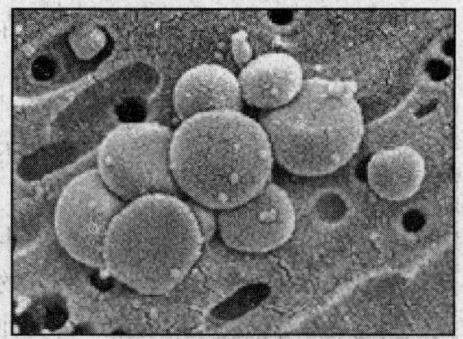
◆电子显微镜下看到的纳米细菌

1988年芬兰科学家进行哺乳动物细胞培养时发现细胞内存在一种原核微生物，能通过100纳米的滤菌器，1990年将此种微生物命名为纳米细菌。纳米细菌是革兰阴性菌，呈球状或球杆状，细胞壁厚，无荚膜与鞭毛结构，20～200纳米，可通过100～200纳米的滤菌膜，体积极小，通过电子显微镜和其他的高分辨率显微镜（如原子显微镜）可发现。纳米细菌在

与细菌作战

pH 值为 7.4 和生理性钙磷浓度中能形成羟磷灰石炭酸盐结晶,产生坚硬的钙化外壳覆盖于菌体周围,在高温、强酸等条件下仍能存活。纳米细菌不能用普通微生物培养液培养,但能用细胞培养基培养。

> 科学家们发现,在向这些纳米细菌添加了培养介质之后,这些细菌的稠密度大大增加了,即这些细菌能够自我繁殖。

纳米细菌究竟是不是一种新的生命形式,一直是困扰科学家们多年的一个问题。一些科学家认为纳米细菌是新的生命形式,而另一些科学家却对此持怀疑态度。

美国科学家在《美国生理杂志》上发表论文说,他们在人类的硬化动脉血管壁上成功提取了纳米细菌并对其进行了深入的研究。科学家们首先切开血管壁并对直径在 220 纳米的物体进行了筛除。通过高倍电子显微镜,他们发现了直径在 30~100 纳米的圆形颗粒状物体。这一尺寸远比人们所熟知的病毒尺寸要小得多。通过显微镜可以发现这些微粒拥有细胞膜。

唱反调——纳米细菌不存在

◆在《国家科学院院刊》上撰文否认纳米细菌的杨定一

科学家过去 15 年来大多认同,纳米级细菌不仅是地球上的生命形式,更可能与肾结石、鼻咽癌等病症有关。但是台湾长庚大学董事长杨定一发表在美国《国家科学院院刊》的研究报告则指出,纳米细菌可能不存在。他指出,所谓纳米级细菌是指菌类本体直径介于 80~500 纳米,存在于自然界。和病毒不同的地方在于,纳米级细菌不需藉感染细胞就能独立繁殖,有很强的生命力,过去被认为"应该"是有机生命体。

杨定一利用碳酸钙中的碳酸根及人体中的白蛋白,证明纳米级生物体在自然状态下就会生长、分裂,并非有机物。而且,常见

闻所未闻——细菌奇谭

的矿物质、离子喜欢与细胞中的蛋白质结合，产生"核化"现象，与疾病的发生有关，例如软组织钙化、血管硬化等。此研究成果发现矿物质与细胞内的蛋白质可以形成新的复合物，而形成过程像生长成活的生物体一样，对于往后疾病治疗、制药发展都有很大的影响，例如可能改变根除所谓纳米级细菌的方式和技术。

 广角镜——纳米细菌是宇航员肾结石的"元凶"

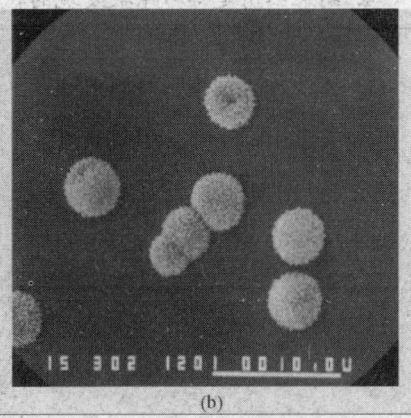

(a)　　　　　　　　　　　　(b)

◆从肾结石中培养出的纳米细菌在体外矿化时可形成磷灰石球形粒子（a图）；与肾结石中的磷灰石晶核（b图）相比较，两者的结构较为相似

　　宇航员进行太空旅行时肾结石的形成非常快，美国宇航局的研究人员宣布发现了可能元凶。纳米细菌是一种神奇的能自我复制、矿化的小东西，美国宇航局的学者认为它会导致宇航员产生肾结石。为了探索月球、水星，乃至更远的星球，宇航员要在太空中旅行很长时间，所以保持宇航员的健康就显得很重要。宇航局为了研究纳米细菌的特性，把它放进生物反应罐里，模拟太空的环境。在微重力条件下，纳米细菌复制的速度比在正常地球引力下快5倍。以前的研究也发现微生物在失重条件下有迥然不同的行为。纳米细菌也可能在生活在狭小空间的宇航员之间传播。

　　纳米细菌在20世纪90年代被发现，它存在于肾结石的磷酸钙中心部位。在其他相关疾病中也发现了这种神奇的小东西，如阿尔兹海默症、心脏病、前列腺炎以及一些癌症中。对人体内的纳米细菌开展进一步的研究，可以减少宇航员患

与细菌作战

肾结石的危险,并且也会使无数肾结石患者得益。

拓展思考

1. 最小的细菌有多小?
2. 纳米细菌的危害?
3. 谁提出了纳米细菌不存在?
4. 纳米细菌是哪一年被发现的?

闻所未闻——细菌奇谭

冰天雪地我最爱
——嗜冷菌群和耐冷菌群

在寒冷的冰雪世界，已经超越了人类生存的极限，还有什么生物能勇敢地存活下来呢？有人会说，北极熊和企鹅可以存活下来。不错，它们能存活下来的原因是因为它有足够厚的脂肪，脂肪相当于是它的羽绒服。如果温度再低下去，恐怕只有细菌能存活下去。我们称它们为最耐冷的细菌。

耐冷菌和嗜冷菌

冷适应微生物可根据其生长温度特性分为两类：一类是必须生活在低温条件下且最高生长温度不超过20℃，最适生长温度在15℃，在0℃可生长繁殖的微生物称为嗜冷菌。另一类其最高生长温度高于20℃，最适温度高于15℃，在0℃~5℃可生长繁殖的微生物称之为耐冷菌。这两类微生物的生态分布和适应低温的分子机制存在一定差异。在丰富底

◆冰箱内可滋生嗜冷菌

物存在的条件下，嗜冷菌在0℃的生长要超过耐冷菌。嗜冷菌只能在较窄的温度范围内生长，而耐冷菌则能在较宽的温度范围内生长。

嗜冷菌分布于极地、冰窖、高山、深海、冷冻土壤等区域。从这些环境中分离的主要嗜冷微生物有针丝藻和微单胞菌等。可从储存在冰箱中的

与细菌作战

◆嗜冷菌分布于冰川等极冷环境中

肉、奶、苹果汁、蔬菜和水果中分离它们，耐冷菌的存在往往是造成低温保藏食品腐败的主要根源。食品低温保藏一般在7℃以下，通常是0～7℃，在此温度生长并污染食品的主要是革兰阴性菌，如单核李斯特菌、沙门菌、微单胞菌和弧菌等，在低于－8℃的冻藏温度下，酵母和真菌比细菌更有可能生长。在食品中微生物生长的最低温度记录是－34℃，它是一种红色酵母。

广角镜——嗜冷微生物的应用价值

尽管嗜冷微生物有时会引起低温保藏食品腐败，甚至产生细菌毒素。但它们在低温条件下即可对污染物进行降解和转化，使其在工业和日常生活中具有许多潜在的应用价值。如：低温发酵可产生出许多风味食品，且可节约能源及减少嗜温菌的污染；分离自嗜冷菌的脂酶、蛋白酶及β-半乳糖苷酶在食品工业和洗涤剂中具有很大潜力；从海洋嗜冷菌分离的生物活性物质可用于医药和食品等。此

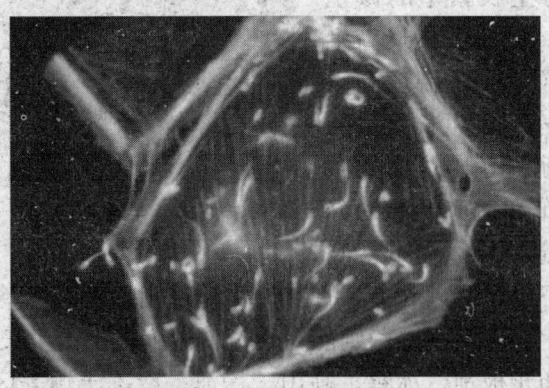

◆耐冷的李斯特菌

闻所未闻——细菌奇谭

外，生命起源于海洋，因此，研究海洋嗜冷菌有可能为生命起源和进化提供有意义的证据。

拓展思考

1. 耐冷细菌分布在哪里？
2. 耐冷细菌有什么应用价值？
3. 最耐冷的细菌能在多少温度下存在？
4. 打开冰箱看看哪里是细菌容易滋生的部位？

爱在沸腾温泉中洗澡——嗜热菌群

自然界中，一些以前被人们认为是生命禁区的高温、低温、高酸、高碱、高盐、高压或高辐射强度等极端恶劣环境中仍然生活着微生物，如嗜热菌、嗜冷菌、嗜酸菌、嗜碱菌、嗜盐菌、嗜压菌和耐辐射菌等，它们统称为极端环境微生物，或简称为极端微生物。

嗜热微生物

◆罐头食品中可能残存有嗜热微生物

◆灭菌牛奶中也有可能存有嗜热微生物

嗜热菌和超嗜热菌是嗜热微生物中最耐热的。嗜热菌的最适生长温度为65℃～70℃，40℃以下不能生长。超嗜热菌最适生长温度在80℃～110℃，最低生长温度在65℃左右。大部分超嗜热菌是古细菌，但也有真细菌归属此类。

嗜热微生物生长的环境有热泉（温度可达100℃）、草堆、厩肥、煤堆、地热地区土壤及海底火山附近等处。在食品环境中，湿热微生物可存在于排放的冷却水中，也可以残存于经过高温灭菌牛乳或其他食品中，食品加工中最重要的嗜热菌归属芽孢杆菌和梭状芽孢杆菌属。酿造工业中啤酒的巴氏杀菌方式通常为60℃，8～15分钟。罐头食品的杀菌有时成为商业无菌，它表明在杀过菌的罐头中，采用常规培养方法检不出活菌或残存菌数非常低，以致在罐头食品生产和贮存条件下菌数不会有明显的变化。

闻所未闻——细菌奇谭

也就是说，在罐头食品中可能残存有嗜热微生物，只不过在贮存过程中由于不适宜的 pH、Eh 或温度使其不能在产品中生长。

嗜热菌和超嗜热菌有什么作用呢？在基因工程中，它可以为基因工程菌的建立提供特异性基因。此外，从嗜热菌提取出来的一些耐高温酶类，如 DNA 聚合酶，也是生物工程不可缺少的重要工具。在发酵工业中，可以利用其耐高温特性，提高反应温度，增大反应速度，减少中温杂菌污染的机

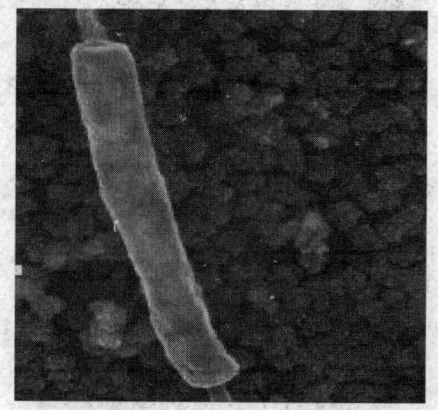

◆黄石国家公园温泉中的棒状嗜热细菌（约 1 微米长）

会，而且发酵过程不需冷却，可省去深井水的消耗。嗜热菌对某些矿物有特殊的浸溶能力，对某些金属具有较强的耐受能力。利用这类微生物，为矿产资源开发提供了有希望的前景。

 小资料——黄石公园温泉中的耐热微生物

◆美国黄石公园

美国黄石国家公园的温泉水温都接近沸点，而且其中的含酸度足够溶解生物体。但是，在这样极端的环境中，仍然有一些生命力极强的嗜热微生物存在，这些微生物产生的色素使得温泉成为黄石公园一道独特的美景。黄石公园温泉中最著名的微生物就是水生栖热菌。这些生活在黄石国家公园温泉的原住民已经在地球上生活了几十亿年。几年前，美国宇航局科学家表示，可以通过对这些微生物的化石以及演变的研究，描绘出一张地球生命的演变图，并了解在这期间地球气候的变化。

如果将黄石公园中嗜热生物的化石和火星上的岩石样本进行比较，科学家就可以

了解火星上是否存在过生命。

形形色色的芽孢杆菌

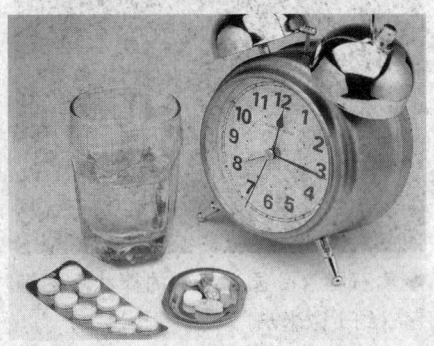

◆地衣芽孢杆菌已经被制成商品，用来调节肠道菌群

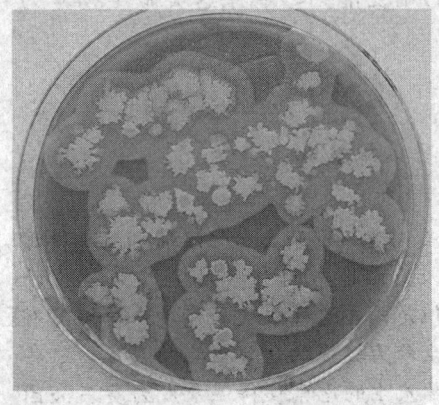

◆蜡样芽孢杆菌菌落有蜡样的质地

常见的芽孢杆菌有：枯草芽孢杆菌、地衣芽孢杆菌、蜡样芽孢杆菌等，该类菌种为革兰阳性杆菌，需氧，内生芽孢、能运动，有周身鞭毛、可陈化牛乳。大多数菌落呈扩散性生长，菌落较大，表面呈灰白色，有的菌落成蜡样质颜色。一般不分解乳糖，不利用甘露醇，在乳品中重要的芽孢菌是蜡样芽孢杆菌。不同菌株的最低生长温度不同，一般在5℃～6℃下仍可生长，最佳生长温度为30℃～37℃，最高生长温度为37℃～48℃。最低生长pH值为4.3℃～4.9，最高为9.3。尽管该菌在有氧条件下生长良好，但也可在厌氧条件下通过发酵葡萄糖和还原硝酸盐呼吸而生长，在其他适宜条件下，可在含7％氯化钠的基质中生长，最小生长的水分活性为0.92～0.95。

蜡样芽孢杆菌是许多食品的污染菌种，可引起人的食物中毒，当人体摄入含有大量活菌的食品时即可引起呕吐、腹泻、肠绞痛等为主要症状的食物中毒，该菌株还可产生3种肠毒素和1种致吐毒素，其中肠毒素为蛋白型毒素，不耐热和酸性条件，在60℃中经5分钟即可灭活，在胃内和回肠中因胃酶和酸作用而使大多数毒素被灭活。

闻所未闻——细菌奇谭

广角镜——绘出一种耐热细菌的基因组图谱

美国科学家宣布，他们绘出了一种耐热细菌的基因组图谱，这将有助于发现新的生物化学机制，并为在其他行星上寻找生命提供参考。据最新一期英国《新科学家》杂志报道，这种细菌是5年前从潜艇在中大西洋海脊区域水下3500米深处采集的样本中发现的。它们生活在从海床内部喷出热气和矿物质的"烟囱"壁上，能在高达250个大气压的状态下生存，最适宜的温度是90℃~113℃。据认为，这是迄今发现的最耐热的生物。科学家说，由于这种细菌所需的营养成分极为简单，只需要火山作用就可以产生，因此在其他有火山活动的行星上面，也可能有类似的生命存在。

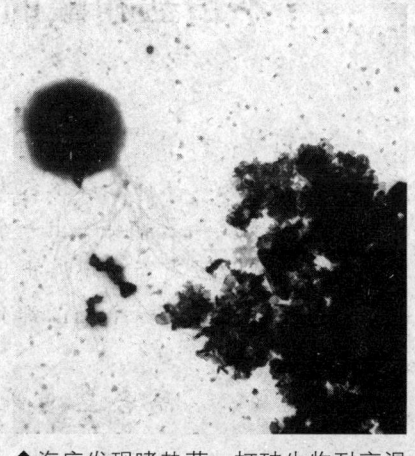

◆海底发现嗜热菌，打破生物耐高温记录

拓展思考

1. 耐热细菌分布在哪里？
2. 耐热细菌有什么害处？
3. 在怎样的条件下芽孢菌才能被杀死？
4. 耐热细菌在哪里被发现？

与细菌作战

不怕盐和酸的细菌——嗜盐细菌

曾几何时,科学家经常在一些被打上"不可能"标签的地区发现生命存在。但这扇发现之门已经很久没有被打开过,其中的原因并不在于发现速度趋于缓慢。如果非要给出一个理由的话,那只能是科学家此前的发现步伐太快,以致没有新发现浮出水面。时至今日,科学家已经可以确定一点,地球上几乎任何一个地区都有生命存在。

高含盐量死海存在嗜盐细菌

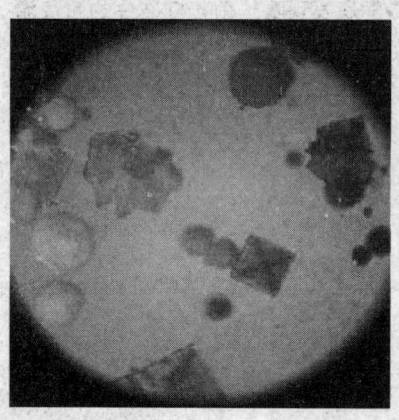

◆嗜盐细菌

死海是地球上含盐度最高的水域,是普通海水含盐度的8倍。大多数生物在这种水域中根本无法生存。然而,死海不死,在死海中仍然有一些微生物的存在。科学家们对其中一种细菌进行了深入研究,发现这种嗜盐细菌的特别之处在于,它们可以产生一种蛋白质,保护自己免受盐水的侵扰。微生物嗜盐杆菌是生活在死海中的细菌之一,现已成为众多科学家的研究对象。科学家们希望通过破译嗜盐杆菌在恶劣条件下生存的奥秘,在生物技术研究和探知外星生命等领域能取得突破。近年来,在美国宇航局的资助下,美国马里兰大学的研究人员对复杂的嗜盐杆菌展开了一系列研究,发现其拥有强大的自我修复能力,有一套复杂的DNA修复技术。现在,科学家已经借助最先进的DNA微矩阵技术观察到了嗜盐杆菌自我保护的技巧。

闻所未闻——细菌奇谭

知识窗

高盐度与生物细胞

DNA分子通常被水分子簇团团包围着，它依靠这些水分子维持双螺旋结构的完整性，免遭损坏。而在高盐含量的死海中，海水中的盐分将水分子挡住，使得生物无法获得所需水分，这样DNA就会断裂，细胞相继失活或死亡。

广角镜——红海盐滩上的耐盐细菌

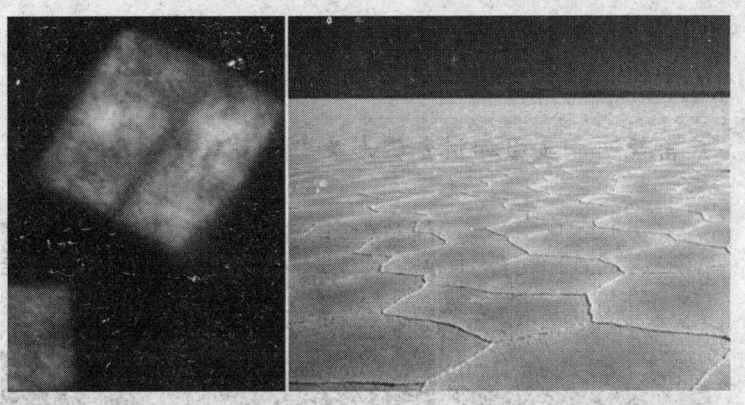

◆高盐度细菌

该图片展示的是在红海附近盐滩发现的细菌。这一地区含盐度极高，能幸存下来可谓一个奇迹。方形超扁平古细菌之所以能在这种恶劣条件下生存，是因为它们的表面体积比是所有地球生物中最高的，能有效阻止因所在地区含盐度过高慢慢萎缩。

嗜盐杆菌在不断进化中适应了高盐环境，因而它能在死海中继续生存。科学家们认为，放射性和高盐浓度能对嗜盐杆菌DNA造成同一类型的损伤，所以一旦微生物适应了高盐浓度的环境，面对强烈的放射环境，已经形成的自我修复机制就会发生作用。这就是嗜盐杆菌在放射性下也能

 与细菌作战

继续生存的原因。

"机遇号"火星探测器近期探测结果显示，火星表面存在硫酸盐等一些由于液态盐水的作用而形成的矿物质。这一发现表明，火星表面盐分太重，不适宜一般生命的存在。科学家们认为，任何要在火星上生存的微生物都必须具备地球嗜盐细菌的上述特性，否则它们肯定无法忍受火星的高盐环境。

◆死海是世界上盐度最高的海洋

 广角镜——美国加州金矿毒液中的耐酸细菌

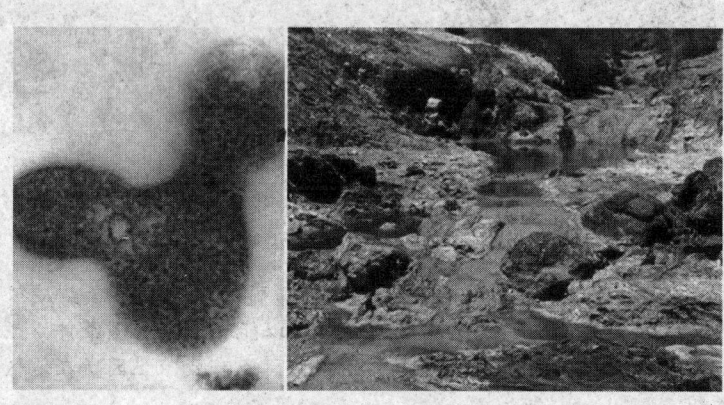

◆耐酸细菌

该图片展示的细菌能在酸性极高（pH值为零）的环境下生存，这种环境下的硫酸就像是矿泉水。据悉，这种细菌是在加利福尼亚州一个金矿的有毒流出物中发现的。

闻所未闻——细菌奇谭

 拓展思考

1. 耐盐细菌分布在哪里？
2. 耐盐细菌为什么能抵抗高盐环境？
3. 你听说过耐酸细菌吗？
4. 耐酸细菌在哪里被发现？

与细菌作战

鱼缸里的清洁工——硝化细菌的故事

大家对我们可能都不陌生了吧,我们叫硝化细菌,可不是帮助你们消化大鱼大肉的那个消化哦。我们兄弟两人(等等,怎么是两个?),别急,一会你们就明白了。我的哥哥叫硝酸菌,我叫亚硝酸菌,因为我们哥儿俩总是形影不离,长得又酷似双胞胎,人们就把我们统称为硝化细菌了。其实我们兄弟两个差别还不小呢,硝酸菌虽然是哥哥,但干起活来打头阵的还是靠弟弟。

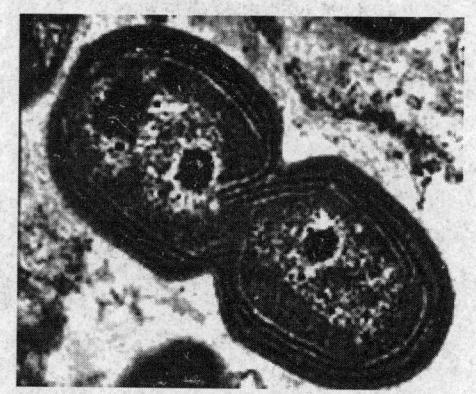

◆硝化细菌形态

杆菌——硝化细菌

◆硝化细菌是水体的"清洁工"

说了半天,大家怎么也不和我们打个招呼呀,伤自尊了。也难怪,我们太小了,大家如果不用显微镜是根本看不见我们的。哎,真是"菌微言轻"啊。好吧,既然看不到我们,那我们兄弟就自我描述一番吧:我们身材都很苗条,人称我们"杆菌"(像电线杆)。在革兰染液里洗澡后,我们都是红色的。我们大部分的同胞都长着长长的鞭毛,我们可以借助它们像船桨一样在水中自由地游泳。我们的重要性大家了解吗?不是吹

闻所未闻——细菌奇谭

牛，如果没有我们兄弟两个，大家在水族箱里养鱼种草几乎是一件不可能的事，真的，不信给大家显摆显摆。在大家的草缸中，氮元素是普遍存在的，水草、鱼、饲料、藻类甚至鱼类粪便中都有它的踪影，它是

亚硝酸盐也是有毒的，但比起氨来说毒性是小得多了，而硝酸盐是无毒的，它是水草等水生植物很好的氮肥。

构成蛋白质的必要元素。那么，烂掉的水草叶子、死去的鱼儿、没吃完的饲料、凋亡的藻类和鱼儿的粪便中的氮后来去哪里了呢？有人可能说，我从来没有注意过它们，可最后都不见了啊。其实它们是被一些称为腐生细菌的家伙分解了，有机的氮变成了无机的氨。就像一条刚死的鱼是没有味的，腐败时就会产生刺鼻的臭味，这里边就有氨的味道。氨对于鱼类是剧毒的，它能使鱼类血液中的蛋白质变性而失去生理功能，导致鱼类的死亡。氨有如此大的毒性，那为何大家的鱼都还好好的呢？哈哈，就是因为有我们硝化细菌呀。弟弟亚硝酸菌负责把氨氧化成亚硝酸盐，再由哥哥把亚硝酸盐氧化成硝酸盐。

硝化细菌

硝化细菌包括亚硝酸细菌和硝酸细菌。这两类菌通常生活在一起，有利于机体正常生长，而土壤中的氨或铵盐必须在以上两类细菌的共同作用下才能转变为硝酸盐。从而增加植物可利用的氮素营养。

硝化细菌的生活特点

我们属于自给自足性的自食其力的细菌，科学家叫我们自养性细菌，我们用最简单的无机物如二氧化碳为碳源来构成我们的身体，而建造我们自己的能量源泉就是我们氧化氨和亚硝酸盐过程中所释放出来的能量。可见我们的工作也不光为了大家，更重要的是为我们自己，我们这种生存方式，大家看是不是和水草很相似啊。只不过水草是利用光能来养活自己，

与细菌作战

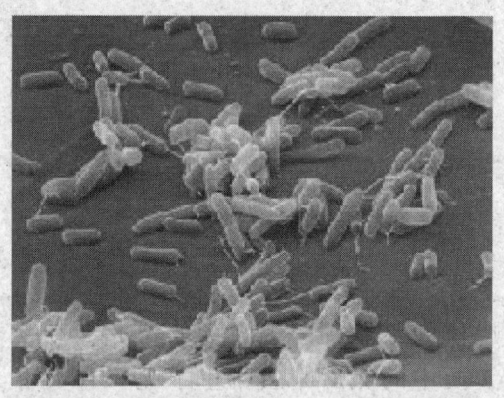

◆电子显微镜下看见的硝化细菌

◆美丽的水族箱也是一个生命循环的小世界

我们是利用化学能而已,而另一些家伙比我们聪明得多,它们被称为异营性细菌(就是那些专门制造毒物的家伙),它们用有机物做碳源来构建它们的身体。我们除了像水草一样进行糖类合成反应外(把二氧化碳和水在化学能的作用下合成葡萄糖),也需要其他的营养元素,如铁、锰、磷、钾等,用以代谢合成我们生长所需的一些蛋白质和脂肪等物质,所以大家给水草施的肥料和二氧化碳,我们也笑纳了些,抱歉没打招呼哦。

要说我们最不喜欢呆的地方,那就是一个充满了有机废物(如鱼便)的环境,因为过多的有机物让我们无法忍受,我们又不能把它们当作食物,过多的有机物将会抑制我们的生长和繁殖。但是哥哥硝酸菌对有机物并不那么敏感,有时甚至还能"吃"些水溶性有机物(啊,变节啊),但大多时候我们配合得还是非常默契的,兄弟就是兄弟嘛。因为我们有这一特性,所以大家就别指望我们在有一大堆鱼便的肮脏的过滤棉上安家了,最适宜我们居住的地方是比如生化球、生化环、生化棉等,当然在水流流过我们家之前最好把水里的鱼便、烂叶子提前过滤掉,不然的话,这些东西堵在我们家里,我们可就惨啦,拜托了啊。

前边说过了,我们很多兄弟都是游泳健将,我们可以在水中做主动的迁移,虽然这很耗费体能,但如果我们居住的家园受到外来干扰、没有食物吃、有外族入侵、生活环境突然变化时,我们还是会做主动的战略转移的,在转移的途中,我们可是不会吃任何东西的。所以一旦我们背井离乡，请赶快给我们找一个家吧，让我们固定下来好为大家更好地服务。不用担心我们无法在固体表面固定的问题，我们兄弟可是这方面的高手，我们在水中到处游荡时，如果发现有什么固体物质，就会立即分泌一种黏性物质，牢牢地把自己粘到那上边，这样一层层地粘上去，直到形成一个膜，大家都管我们形成的这个膜叫"生物膜"，水质的净化就要靠它了。

◆发现硝化细菌的科学家 Sergey winogradsky

 万花筒

缓慢的繁殖速度

硝化细菌繁殖周期很长，和异营性的腐生菌比较一下：在20小时内，1个异营性细菌可以分裂成10亿个，但硝化细菌还停留在1个的状态，这也没有什么奇怪的，硝化细菌维持生命和繁殖的物质都是靠自己制造的，要耗费大量能量和时间，而那些异营性细菌则可以利用很多现成的东西。

 广角镜——开缸综合征

再透露些比较隐私的问题，就是我们的繁殖了。讲到这里就不能不说一种发生在开缸后不久容易发生的问题，我们暂且叫它开缸综合征。在开缸后的一个月内鱼儿会不明不白地死去，这主要是因为鱼类的排泄物被细菌分解为氨等有毒物质，它们繁殖得实在太快了，相信大家都了解夏天饭菜变质的速度，越来越多的氨在产生，直到超出了鱼、虾能忍受的极限，它们就……好痛心啊，那大家问，你们干什么去了？真白养活你们了！各位先别急，这事不怪我们，在刚开缸的1个月内，因为我们生得实在太慢了，根本没办法处理那么多的氨，寡不敌众

与细菌作战

◆养鱼爱好者的好帮手——硝化细菌

啊。所以提醒各位在开缸后的1个月内勤换换水，少喂喂鱼，用点细菌制剂吧。

大家可能认为我们兄弟也太逊色了，生得又慢、长得又慢，怎么还没有被淘汰掉呢？达尔文的理论看来问题是不小啊。先等等，我们兄弟虽然有弱点，但也有其他细菌不具备的优势呢！最主要一点就是我们在食物短缺等恶劣环境下可以像冬天的狗熊一样"休眠"，避免了像其他细菌一样被饿死的命运，我们的休眠期最长可以达到两年之久。利用这个原理，有人把我们制成了菌液出售，可以长期保存，其实那里边就是"休眠"的我们。

我们还对氧有一种由衷的偏爱，在缺乏氧气的环境里我们根本就无法高效率地处理氨和亚硝酸盐，以致造成我们的生存危机。所以大家如果想让水缸的水质真正良好的话，就让水草制造更多的氧气给我们吧，大家会得到回报的。

在酸碱度方面我们也提点小小要求：我们在弱碱性的环境里生活得更舒服些，如果是草缸，最好也别把pH值调整到6以下，对我们的健康很不利的呀。另外，最适合我们的温度是25℃哦。

好啦，聊了这么多，相信大家对我们的了解又深了一层，以后可要好好对待我们哦，我们好你们也好。坏了，这说到哪儿去了，就到这里了，再见了，众位朋友，我们干活去了。

 讲解——硝化细菌讨厌光

可能还有人不知道，我们对光线有多么厌恶。弟弟亚硝酸菌对接近紫外线的可见光非常敏感，所以不要把飞利浦865照到我们身上哦，紫外线对我们的杀伤

闻所未闻——细菌奇谭

力更是巨大的。所以让我们在黑暗中工作吧,我们会感谢大家的。

拓展思考

1. 硝化细菌分布在哪里?
2. 硝化细菌有什么作用?
3. 养鱼为什么要放一些硝化细菌?
4. 硝化细菌多久繁殖一代?

与细菌作战

我与夜明珠媲美——发光菌群

◆能发光的蘑菇

大千世界，无奇不有。许多生物自身能发光。在生物世界里说到发光，人们首先会想到萤火虫，但除了这种昆虫外还有许多生物也能发光，如一些生活在深海里的鱼类。夜晚常在近海作业的渔民甚至是长住海边的人经常能看到海面上有光带，这是一些藻类发出的。当它们受到惊扰时或者是在大量繁殖时，似乎海洋都开始燃烧了起来。你知道吗，在细菌中也有能发光的，它们就是发光细菌。

细菌也发光

进行生物发光的细菌，多数为海生，与发光浮游生物同是引起海面发光的原因。此外，在空气中，死鱼及水产加工食品的表面于暗处也会发光，这种发光现象是海生菌第二次生长繁殖的结果。用加有3%氯化纳和1%甘油的普通肉汁蛋白胨培养基可以培养发光细胞。发

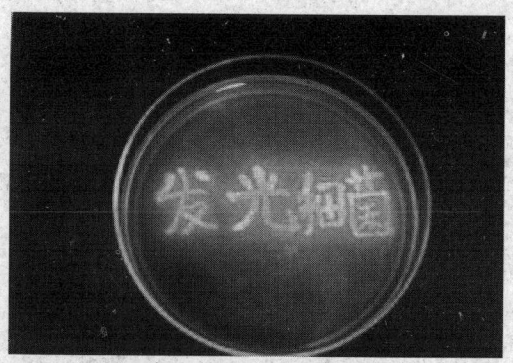

◆在培养基上培养的发光细菌

光菌形态虽多种多样，但生理特性却非常相似。一般对明胶不产生液化，分解蛋白质后不形成毒物，常寄生在各种动物体上引起"发光病"，即寄生发光。这些细菌通常经由寄主的卵传递给后代寄主。有些发光鱼类和乌贼是和发光细菌共生而利用了细菌的发光。明亮发光杆菌可在牛、马的死尸和肉中繁殖；它侵入人体则会产生发光尿。这些细菌一般好低温，最适温度约为18℃，37℃以上则不发光。发光现象是酶促氧化反应。发光细菌有一百几十种，除上述几种外，典型的还有鱼无色杆菌、磷光弧菌、发光杆菌等。细菌发光的生物学意义与动物发光不同，还不十分清楚。

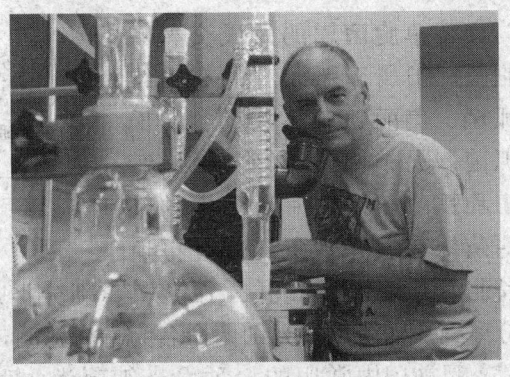

◆科学家正在研究发光细菌

发光细菌发出青白色光，如无色杆菌所发出的光，最大波长为490纳米。

发光细菌分类

发光细菌是一类在正常的生理条件下能发射可见荧光的细菌，这种可见荧光波长为450～490纳米，在黑暗处肉眼可见。目前，全世界已命名的发光细菌有以下几种：①属于异短杆菌属的有发光异短杆菌；②属于发光杆菌属的有明亮发光杆菌和鳆发光杆菌；③属于希瓦菌属的有羽田希瓦菌，以前也曾经把它归类

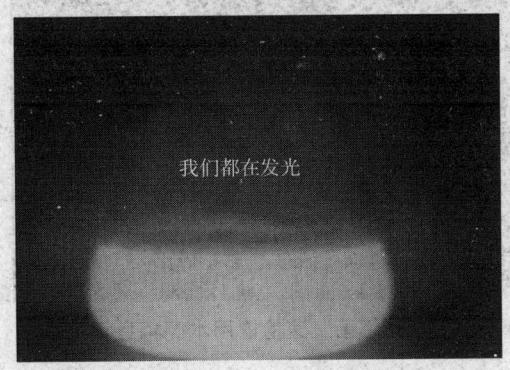

◆液态培养基中的发光细菌

与细菌作战

为交替单胞菌属的海氏交替单胞菌；④属于弧菌属的有哈维弧菌、美丽弧菌生物型、费氏弧菌、火神弧菌和东方弧菌。霍乱弧菌和地中海弧菌中的某些菌株有发光现象，曾有报道易北河弧菌有发光现象，后将其重新分类归入霍乱弧菌。另外，我国学者分离到一株淡水发光细菌命名为青海弧菌，还没收入伯杰细菌手册。

> 异短杆菌和青海弧菌属于淡水发光细菌，其他都是海洋细菌。发光细菌主要分布于海洋环境中。

目前国内常用的3种发光细菌为：明亮发光杆菌、费氏弧菌、青海弧菌。

其中以明亮发光杆菌在水质急性毒性的测定中最为常用。青海弧菌是在青海湖的鱼体内提取的菌种，属淡水菌，在测试饮用水时有较大优势，该检测方法在5·12汶川地震灾区有了较大规模的应用，快速、便捷、综合评价等优点得到了充分发挥，受到了卫生、环保、疾控部门的重视，国家也将其列入应急监测项目。

广角镜——"发光细菌"速检饮用水

◆淡水"发光细菌"速检饮用水亮相世博会

一种快速、灵敏、可靠的饮用水安全检测仪在2010上海世博会亮相。只要在待测水样中加入微量青海弧菌，半小时内就能知道饮用水是否安全。这种新型的检测技术不仅速度快、灵敏度高，而且成本低廉。华东师范大学教授朱文杰和徐亚同带领的团队日前完成了利用青海弧菌检测水质的世博科技专项课题《快速检测饮用水中有害物质综合毒性的传感仪研制》。在两年多的时间中，课题组通过对市场上销售的瓶装饮用水、多种重金属、常见农药等污染物的检测研究，形成了检测饮用水的全套技术规范闻所未闻——细菌奇谭

方法。该项成果现已转化投产，进入市场。利用淡水发光细菌进行毒性物质检测，这在世界上尚属首次。

 拓展思考

1. 发光细菌为什么能发光？
2. 发光细菌有哪些用途？
3. 说说发光细菌的属性？
4. 发光细菌是如何检测饮用水的？

与细菌作战

地球最早的居民——细菌与地球的故事

作为地球上最古老的生命体，细菌具有极强的生命力和适应性。有的细菌"哈寒"，喜欢在温度很低的地方安家落户；有的细菌"哈热"，甚至觉得深海的热液喷口区是最舒适的所在；有的细菌还"哈酸"，在pH值小于5的环境中也能悠然自得；还有一种细菌呢，"哈磁"，和地球磁场之间有许多联系。下面就来讲一讲细菌与地球的故事。

◆细菌是地球上最古老的生命体

细菌在生物链中的角色

◆地球生物圈离不了细菌

◆细菌参与物质的循环

大部分细菌是分解者，处在生物链的最底层。还有一部分细菌是消费者和生产者。比如根瘤菌则是消费者，它们与豆科植物互利共生，消耗豆

闻所未闻——细菌奇谭

◆如果没有细菌，这将是一个堆满尸体的世界

◆人体充满细菌

科植物光合作用所生产的有机物，因此为消费者。当然，细菌最主要的作用还是分解者，如果没有细菌、真菌等微生物，世界将是尸体的海洋。生命的存在，离不开细菌。我们知道，自然界的物质都处于不停顿的循环之中，由无机态转化为有机态，再由有机态转化为无机态。细菌正是在物质循环过程中"辛勤"工作者，离了它，物质循环不能完成，生命活动也就终止了。

简单地说，绿色植物不断地从空气中和土壤里吸收二氧化碳、无机氮及各种元素，合成有机物，直接或间接地供应动物、植物生长需要。另一方面，动物、植物死去后，细菌又把它们的尸体分解成为无机物和二氧化碳，归还给空气和土壤，这样不断的循环着。从这个角度来说，人类还是"寄生"在植物和微生物的"辛勤劳动"之中的。

细菌对于人的重要性，还在于它是人身体里不可缺少的。人一生下来，从婴儿开始，细菌就纷纷迁入人的肠道。肠道里的细菌群种类多、数量大，各按一定比例生长，不断产生硫氨、核黄素、烟酸、维生素B族、维生素K、氨基酸等多种物质，供人体吸收、应用。肠道细菌还能帮助消化食物。有人做实验：把即将出生的动物胎儿从母畜体内手术取出，放在无菌环境中，用无菌水、无菌食物人工喂养。结果这种无菌动物抵抗力极差、消化力极弱、营养极其缺乏，根本不能在自然环境中独立生存。

> 一旦没有细菌，动物尸体就会堆积如山，有机物不能分解，一切生命活动就都终止了，地球变成了死的世界

与细菌作战

广角镜——地球生命起源：因某种细菌偶然出现？

美国的科学家在研究中发现，19亿年前地球上偶然出现了一种可以利用阳光能量产生氧气的细菌，它们后来又演化出了各种植物和生命，进而彻底改变了地球生命的进化过程。

美国的科学家们近日发现了一种可以吞噬细菌的变形虫状生物体，而这种被吞噬的细菌恰好又可以利用阳光的能量分解水并产生氧气。这种细菌本是作为被掠夺者，但被吞噬后它们却反而构成了掠夺者身体的一部分，并将掠夺者进化成为现在地球上的各种树木、开花植物以及海藻等植物的祖先。美国新泽西州罗格斯大学生物化学与生物物理学教授保罗·法尔科夫斯基认为，这一偶然事件改变了地球生命的进化过程。他解释说，这种微生物的后代改变了我们的大气层组成结构，使之充满了动物以及人类生存与进化所必需的氧气。

◆细菌通过亿万年的进化，形成了今天的人类

我们身边"会找北"的细菌

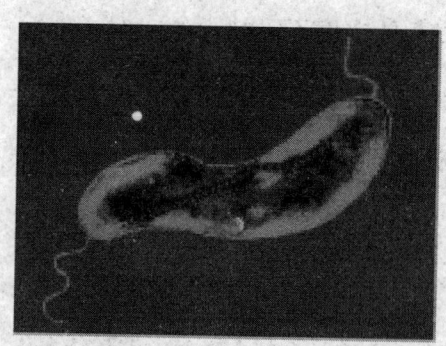
◆趋磁细菌

趋磁细菌分布广泛，在池塘、湖泊、海洋甚至湿土污泥中都能找到，它的结构也不复杂，最主要的是体内有一链晶形独特、由膜包裹的磁小体。这些磁小体链不仅能帮助趋磁细菌沿地磁场磁力线的方向运动，而且还有利于细菌储集能量和铁，调节细胞内的酸碱平衡和氧化还原环境。

早在1975年的时候就有人发现，

闻所未闻——细菌奇谭

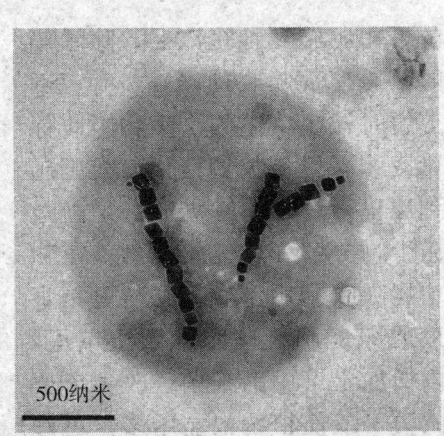

500纳米

◆在北京地区发现的野生型趋磁球菌，含有3条磁小体链

有一种细菌在显微镜下观察时总是移向载玻片的一边。它们有自带的罗盘，这些细菌在细胞内部会形成一些微小含铁具有磁性的磁小体，这些磁小体排列成链状，从而增加磁场感应能力，有了这些磁小体链就好办了。在北半球，地磁场的北极是以一定的角度向下的，"追北型"的细菌就在地磁场的指引下逐渐移动到深水贫氧区，在自己喜欢的地方落户了；到了南半球，这种细菌就变成了"追南型"。

磁小体是怎样形成的呢？虽然许多细节还不甚明了，但借助于分子技术，人们已经大致看出些端倪。铁是细菌生长所必需的无机离子，在趋磁细菌中，铁除了参与合成多种蛋白质以外，还得花力气制造磁小体，而趋磁细菌能产生一种

> 磁性红细胞作为纳米生物机器人组成药物载体群，可以进行最优的、可控的、准确靶向以及高浓度的药物递送。

铁载体，拥有一套高效的铁吸收系统，一点也不担心原材料的短缺。然而独木不成林，一个好汉还需三个帮，单个的磁小体是没法指引细菌沿磁场方向运动的，得有众多磁小体装配成链，才算是大功告成。

在医学方面用途广泛，科学家利用原生质体融合技术，成功地将羊红细胞与趋磁细菌的细胞合二为一，获得了具有磁敏感性的融合子——磁性红细胞。

细菌是人类的好"助手"

细菌是人类不可缺少的"助手"。在人类的生产和生活活动中，细菌也是"功勋卓著"的"助手"。在农业方面，只有三四十厘米厚的耕作层，每亩可生产出千斤粮或万斤果。土壤的这种肥力是与微生物活动分不开

与细菌作战

◆细菌可以制成疫苗,反过来防治细菌引起的疾病

◆细菌可以制成生物农药喷洒

的。化肥施到地里以后,除了当时就被庄稼吸收的以外,有一部分暂时被土壤中的小生物吸收保留起来,以供长期使用。粪肥施到地里,其中的有机物必须经过微生物分解变为无机养料,植物才能吸收利用。细菌肥料更是直接把细菌制成菌肥施到土壤里,以增加土壤中的细菌,改善土壤肥力,或使植物根瘤增多,更好地固定大气中的氮素,目前使用的细菌肥料有固氮菌、硅酸盐菌(钾细菌)等。最近人们的研究把叶面固氮菌喷洒到叶面上,可以与植物共生固氮。细菌还可作为杀虫剂进行生物防治。它不污染环境,农产品没有残毒,好处很多。沼气更是微生物集体协作的产物。

除农业以外,在医疗方面,可用细菌制成疫苗预防疾病。在工业方面,可用于泡菜、酸菜、醋、味精等美味食品或调味品的制造,用于纺织、制革、石油脱蜡、细菌冶金、微生物勘探、抗生素和维生素的生产、药物合成等。细菌还能制造多种工业原料,如乙醇、丙酮、乳酸、醋酸等产品。在环境保护方面,人们已开始利用细菌处理生活污水和工业污水,不仅效果好,费用少,节约劳力,还有利于开展综合利用、兴利除害、变废为宝。

> 细菌顽强的生命力,使它可以适应环境的变化而保留在这个世界上,成为地球上所有生命循环和延续不可缺少的一部分。

闻所未闻——细菌奇谭

广角镜——耐辐射细菌乘陨石来地球?

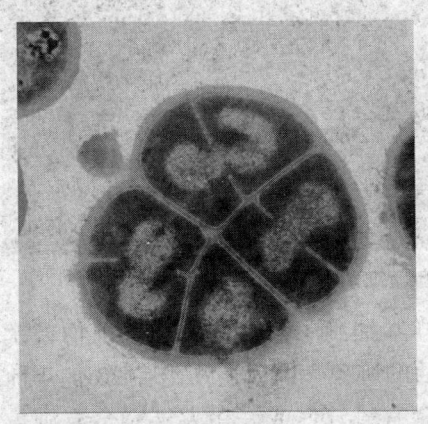

◆耐辐射的细菌

科学家发现,有一种以抗辐射著称的细菌可以承受几千倍于能使人类死亡的放射性剂量,并能安然无恙地生存。为研究这种细菌的上述特性是怎样形成的,俄罗斯圣彼得堡物理技术研究所的生物学家阿纳托里·帕夫洛夫把这种耐辐射细菌的基因插入大肠埃希细菌中,想看看这种并不耐辐射的细菌是否也能进化成耐高辐射的细菌。俄罗斯科学家经研究后宣称,这种耐辐射细菌很可能来自火星,因为只有在火星上才能逐渐形成耐大剂量辐射的微生物,而如果在地球上适宜的条件下生活,微生物要进化到能耐大剂量辐射,所花的时间会长得多。科学家据此认为,这种耐辐射的细菌的"出生地"很可能是火星,它们是"乘坐"火星陨石到达地球的。

"雪球地球"之前就出现的生命体

在雪球地球时期到来之前地球上曾出现过生命体,这些生命体是否在冰冻的世界中幸免? 或者当雪球地球上的冰层开始融化之时,地球上才首次出现生命体进化发展? 科学家最新研究揭示,一种叫做蓝细菌的真核细胞在雪球地球时期幸免生存下来,它的存在要比雪球地球早0.5亿~1亿年,真核细胞是有性生殖,被认为是目前地球动物和植物种类的起源。这是令人难以置信的发现,当时的地球是被深度冷冻的,冰层覆盖面积很广泛,有些地区的冰层还不止半英里厚。在这样的冰层覆盖状况下会完全扼杀光合作用,该条件下没有食物来

◆科学家模拟的雪球地球图

与细菌作战

源，尤其是真核细胞，它们无法生存下来。但这项研究却表明真核细胞能幸免生还。

2006年，研究人员还在加拿大安大略湖地区发现了距今24.5亿年的一块特殊无色水晶，在无色水晶中包含着被水分包裹着的油滴，油滴中包含着生物标志物，通过分析进一步确定油滴来自于蓝细菌和真核生物体。这些无色水晶样本是无价之宝，

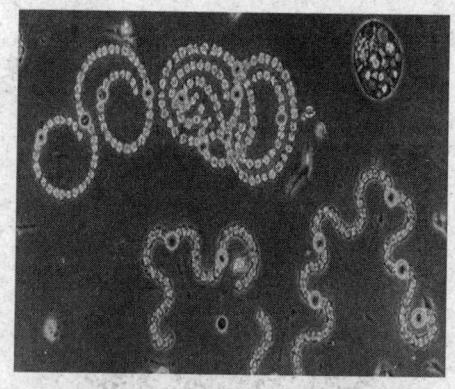
◆蓝细菌图

它高度浓缩了生物体的分子化石。水晶样本油滴中包含的生物标识物首次证明了雪球地球时期之前有真核细胞存活的迹象。同时还指出在23亿年前地球大气中有氧气，只要存活生命体就会有氧气，或许在大气完全充满氧气之前，地壳或海洋中的铁金属已能发生氧化作用。

广角镜——担心火星被地球细菌"感染"

◆飞向火星的航天器都要进行消毒，防治微生物带上火星

法国科学家指出，现有的太空保护措施恐怕难以保证人类不把细菌带到火星上。火星被地球细菌频繁"感染"将影响人类找到真正的火星生命。科学家认为，火星表面看上去不适合生命存在，但实际可能并非如此。目前地球上已发现许多可在恶劣环境下生存的微生物，加上在火星南北两极发现冰冻水，人们有理由推测，某些微生物也能在火星上生存。这样看来，过去许多针对登陆火星所采取的保护措施显然已经过时。人类需要研究新的保护措施，避免地球生物过多"感染"火星。

按照国际航天研究委员会规定的标准，火星登陆器必须经过消毒灭菌，它所携带的

闻所未闻——细菌奇谭

细菌量不能超过每平方米 30 万孢子，目的是为了避免带到火星上的细菌过多，导致人们发现错误的信息，把原来火星探测器留下的细菌又带回来，当成是火星上的细菌样本。专家已发现，对现有的航天器进行灭菌消毒处理后，航天器上仍然存在一些细菌，在人类多次向火星发射无人登陆器后，差不多已经有 10 亿个孢子数量的细菌被带到了火星上。这些细菌中一部分登陆火星后是可以存活的。不过有关专家认为，这些细菌可能藏身于一些火星地表的结构中，由于缺乏水、营养以及合适温度，这些细菌会处于休眠状态。

拓展思考

1. 细菌在生物圈处于什么地位？
2. 如果这个世界没有了细菌将会怎样？
3. 什么细菌带有磁性？
4. 科学家推断耐辐射的细菌来自哪里？

与细菌作战

比一比——谁最古老，谁最长寿

生老病死是生物必须遵循的自然法则。人生存的上限年数是150年左右，那么细菌最多活多少年呢？1分钟，10年，还是100年？是的，随着时间的流逝，所有的活细胞最终都会消亡，DNA也会碎成片段。但是科学家的发现不断将细胞"年龄"刷新。下面，带你去领略一下世界上最古老的细菌。

最古老的细菌能活多大？

◆灯丝状微生物化石包裹覆盖在含铁矿石上

哥本哈根大学教授埃斯科·韦勒斯利带领的科研小组发现了一种古老的活细菌，可以在冰冻、严酷的环境下存活近50万年。这是迄今为止发现的最为古老的活有机体。这一发现将有助于人们更好地理解细胞老化以及探讨火星上存在生命的可能性。这种古老细菌是活的，包含有活性的DNA。这位研究者说："这种细菌可以在50万年前环境恶劣的地球上生活，这表明它很可能在火星上也能存活很长的时间。"

研究人员分别在加拿大北部地区、西伯利亚和南极洲永久冻结带地下10米深的地方收集了微生物并进行检测，然后发现了这种年代超过50万年的古老细菌。韦勒斯利和同事从这种细菌的活细胞中分离出了DNA，并与大容量的基因信息库中的DNA作了比较，从而准确地确定了该种细菌DNA的进化位置。

科学家早就知道，随着时间的流逝，所有的活细胞最终都会消亡，

闻所未闻——细菌奇谭

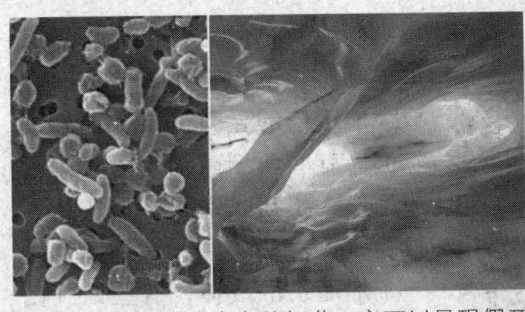

◆南极冰层中发现古老的细菌，它可以呈现假死状态

DNA也会碎成片段。但是研究人员所收集到的一些细胞DNA却能在很长时间内保持完好。这证明这些细胞能更好地延迟老化和死亡过程，其中甚至有些有机体还具有再生能力，可以修复损伤的细胞。此次研究将帮助人们更好地理解细胞分解、延迟老化以及达尔文进化论等问题，并可为有关火星生命的讨论提供一些借鉴，还有助于科学家研究细胞老化进程。

32亿年前的细菌

发现在非洲南部的单独曙细菌化石是迄今为止科学家发现的最古老的细菌化石，也是所有古生物化石中最古老的代表。单独曙细菌是一种原核生物，年代测定表明的生活时代为距今32亿年前。由于类似于单独曙细菌这样的地球上的最早的生物类型都是结构很原始的单细胞生物，即使形成化石也非常轻散、脆弱、易碎，因此长期以来，科学家一直没有发现这些原始生命的其他可靠的化石。

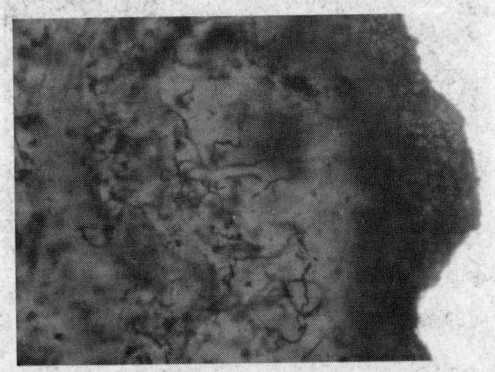

◆半透明橘红色针铁矿包裹着灯丝状微生物细菌

后来，一些科学家在对水成岩中的风化型条带状富铁矿的成因进行分析时，竟然发现这种富铁矿是由一种生活在远古的微生物——铁细菌形成的；而且，形成这些富铁矿的那些铁细菌生存的年代最早也可以上溯到32亿年前。

铁细菌具有一般细菌的共同特征，都是直径只有几微米到几十微米的

与细菌作战

◆35亿年的历史黑燧石，可能含有细菌化石

◆西班牙力拓河覆盖的含铁岩石保留着2亿年前的微生物化石

单细胞生物，而且是细胞内没有形成细胞核的原核生物，只有在放大成千倍的显微镜下才能发现它们。有些铁细菌细胞为椭圆形或杆形，相互联系起来形成相当长的线体，有的单个铁细菌就是一条细而长的线体；有些铁细菌呈球形、弧线形或杆形带柄或分枝的形态；有的铁细菌形成小瘤状、带状或螺旋状。这些铁细菌外面都包裹着一层薄薄的"铁甲"——皮鞘。十分有趣的是，铁细菌的皮鞘往往比其身体大几倍或几十倍。铁细菌可以在皮鞘中前后移动，有时还可以伸出鞘外，重建新的皮鞘，而脱落的皮鞘就在水中沉淀下来，聚集成铁矿。你可能不会想象到，这种生活在亿万年前的铁细菌，竟是通过这样的生活方式，成了造铁的"能工巧匠"，为今天的人类提供了极为丰富的铁矿资源。

 原理介绍

皮鞘的形成

铁细菌在生活过程中，摄取铁质和硅酸等无机物。在沼泽和湖泊中，铁元素通常以可溶性的氢氧化亚铁的形式存在，被铁细菌摄入后，在菌体内经过酶的催化作用，把它氧化成不溶性的三氧化二铁。这些不溶性的铁化合物和硅化物等无机物被铁细菌分泌到体外，就形成了以铁为主要成分的皮鞘。

古细菌、真细菌和真核生物

前面我们已经谈到,迄今为止科学家发现的最早的古生物化石是 32 亿年前的细菌化石。实际上,这些最早的原核细胞生物,即原始的细菌类在地层中留下许多的活动痕迹。

在最早的原核细胞生物分化过程中,最重要的是古细菌与真细菌的分化。在现代生物中,由于细菌类都是最简单的无核单细胞生物,因此人们一般都认为它们是低级、原始的生物。其实,它们都是已经进化了几十亿年的现代生物了。对不同种类现代细菌的分子进化研究发现,在一类能利用二氧化碳和氢气产生甲烷的厌氧细菌以及生长在极浓的盐水中的盐细菌、可以在自然的煤堆里生长的嗜热细菌、在硫磺温泉中或是海底火山区生长的嗜硫细菌等类群中,核糖体 RNA 的分子序列与一般细菌的 rRNA 分子序列十分不同,其相差程度比一般细菌 rRNA 分子序列与真核生物(细胞中含有细胞核的生物)的 rRNA 分子序列的差异还要大。科学家认为这些"不一般"的细菌应该代表一个既不同于一般细菌也不同于真核生物的生物类群,因此把它们称为古细菌(或古核生物),而把一般的细菌称为真细菌(或原核生物)。

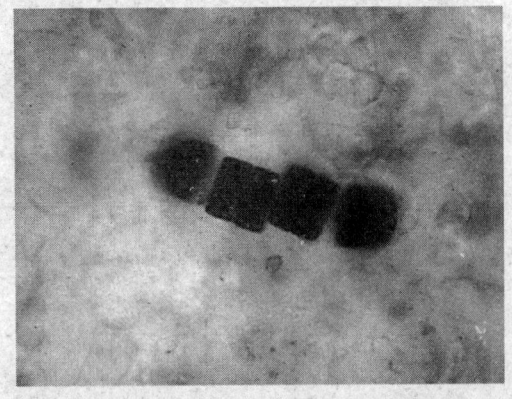

◆澳大利亚中部 Bitter Springs 地区发现的 8.5 亿年前的古老细菌化石中的物质

在澳大利亚发现了一些岩石层。从这些岩层的地质年龄推算,最早的原核细胞生物在 8.5 亿年前就已经出现。

与细菌作战

拓展思考

1. 迄今为止发现的最早的细菌距今多少年？
2. 你见过化石吗？
3. 古细菌在哪里被发现？
4. 什么是铁细菌？